# 电力网络安全技术产业

# 发展报告 2020

EPTC 电力信息通信专家工作委员会　组编

中国水利水电出版社

www.waterpub.com.cn

·北京·

## 内 容 提 要

　　随着"云大物移智链"等新一代信息通信技术的快速发展，能源革命与数字革命相融并进，电力企业正加速向数字化转型。在新型基础设施建设和电力企业数字新基建的推动下，电力信息通信领域的科技创新不断涌现，作为电力信息通信领域的专业研究机构，EPTC信通智库推出《电力网络安全技术产业发展报告2020》，本报告围绕电力行业数字化、网络化、智能化转型升级，从宏观政策环境、技术产业发展现状及存在的问题、业务应用需求及典型业务应用场景、关键技术研发方向、基于专利的企业创新力研究、创新产品与创新应用解决方案、技术产业发展建议等方面展开研究，以技术结合实际案例的形式多视角、全方位展现网络安全技术和电力行业融合发展带来的创新和变革，为电力行业向能源互联网转型，以及融合创新提供重要参考依据。

　　本报告能够帮助读者了解电力信息技术产业发展现状和趋势，给电力工作者和其他行业信息技术相关工作的研究人员和技术人员在工作中带来新的启发和认识。

## 图书在版编目（CIP）数据

电力网络安全技术产业发展报告. 2020 / EPTC电力
信息通信专家工作委员会组编. -- 北京 ： 中国水利水电
出版社，2021.6
　　ISBN 978-7-5170-9680-1

Ⅰ．①电… Ⅱ．①E… Ⅲ．①电网－电力安全－产业
发展－研究报告－中国－2020 Ⅳ．①TM727

中国版本图书馆CIP数据核字(2021)第122988号

| 书　　名 | 电力网络安全技术产业发展报告 2020<br>DIANLI WANGLUO ANQUAN JISHU CHANYE FAZHAN BAOGAO 2020 |
|---|---|
| 作　　者 | EPTC电力信息通信专家工作委员会　组编 |
| 出版发行 | 中国水利水电出版社<br>（北京市海淀区玉渊潭南路1号D座　100038）<br>网址：www.waterpub.com.cn<br>E-mail：sales@waterpub.com.cn<br>电话：(010) 68367658（营销中心） |
| 经　　售 | 北京科水图书销售中心（零售）<br>电话：(010) 88383994、63202643、68545874<br>全国各地新华书店和相关出版物销售网点 |
| 排　　版 | 中国水利水电出版社微机排版中心 |
| 印　　刷 | 北京瑞斯通印务发展有限公司 |
| 规　　格 | 184mm×260mm　16开本　9.5印张　225千字 |
| 版　　次 | 2021年6月第1版　2021年6月第1次印刷 |
| 印　　数 | 0001—2000册 |
| 定　　价 | **68.00元** |

# 《电力网络安全技术产业发展报告 2020》
# 编 委 会

主　　编　张　涛

副 主 编　余　勇　　白敬强　　梁志琴　　许勇刚　　周　亮　　张照龙

编　　委　何日树　　石聪聪　　马媛媛　　高　鹏　　陈　牧　　郭　骞
　　　　　曹宛恬　　张　波　　邱意民　　原　野　　朱　江　　乔叔娟
　　　　　冯亮星　　罗建东　　轩浩然　　杨　浩　　张宇南　　蒋屹新
　　　　　邹　洪　　田　立　　程华军　　燕　锐　　应　欢　　谢　江
　　　　　崔　康　　乔思远　　张　浩　　李平辉　　韩　允　　刘　暘
　　　　　周　玥　　刘　晨　　时　鹏　　刘　静　　高　伟　　朱　瑛
　　　　　李瑞雪　　韩瑞芮　　王　孜　　翟　钰　　王晓彤　　党芳芳
　　　　　杨　莹　　闫丽景　　梁慧超　　李　帅

参编单位　全球能源互联网研究院有限公司/国家电网信息网络安全重点实验室
　　　　　中能国研（北京）电力科学研究院
　　　　　中国电力科学研究院有限公司
　　　　　国网江西省电力有限公司电力科学研究院
　　　　　腾讯云计算（北京）有限责任公司
　　　　　深信服科技股份有限公司
　　　　　福建永福信息科技有限公司
　　　　　奇安信科技集团股份有限公司
　　　　　上海观安信息技术股份有限公司
　　　　　杭州迪普科技股份有限公司
　　　　　国网河南省电力公司信息通信公司

# 前　言

习近平主席在联合国大会上表示："二氧化碳排放力争于 2030 年前达到峰值，争取在 2060 年前实现碳中和。"在"双碳承诺"的指引下，能源转型是关键，最重要的路径是使用可再生能源，减少碳排放，提升电气化水平。可以预见，未来更为清洁的电力将作为推动经济发展、增进社会福祉和改善全球气候的主要驱动力，其重要性将会日益凸显，电能终将实现对终端化石能源的深度替代。

十九届五中全会提出的"十四五"目标强调，实现能源资源配置更加合理，利用效率大幅提高，推进能源革命，加快数字化转型。可见，数字化是适应能源革命和数字革命相融并进趋势的必然选择。当前，我国新能源装机及发电增长迅速，电动汽车、智能空调、轨道交通等新兴负荷快速增长，未来电网将面临新能源高比例渗透和新兴负荷大幅度增长带来的冲击波动，电网正逐步演变为源、网、荷、储、人等多重因素耦合的且具有开放性、不确定性和复杂性的新型网络，传统的电网规划、建设和运行方式将面临严峻挑战，迫切需要构建以新一代信息通信技术为关键支撑的能源互联网，需要电力、能源和信息产业的深度融合，加快源-网-荷-储多要素相互联动，实现从"源随荷动"到"源荷互动"的转变。

近年来，随着智能传感、5G、大数据、人工智能、区块链、网络安全等新一代信息通信技术与能源电力深度融合发展，打造清洁低碳、安全可靠、泛在互联、高效互动、智能开放的智慧能源系统成为发展的必然趋势，新一代信息通信技术将助力发电、输电、变电、配电、用电和调度等产业链上下游各环节实现数字化、智能化和互联网化，带动电工装备制造业升级、电力能源产业链上下游共同发展，有效促进技术创新、产业创新和商业模式创新。

EPTC 信通智库是专注于电力信息通信技术创新与应用的新型智库平台，秉承"创新融合、协同发展、让智慧陪伴成长"的价值理念，面向能源电力行业技术创新与应用的共性问题，聚焦电力企业数字化转型过程中的痛点需求，关注电力信息通信专业人员职业成长，广泛汇聚先进企业创新应用实践和优秀成果，为企业及技术工作者提供平台、信息、咨询和培训四大价值服务，推动能源电力领域企业数字化转型和数字产业化高质量发展。

为了充分发挥 EPTC 信通智库的组织平台作用，围绕新一代信息通信技术在能源电力领域的融合应用及产业化发展需求，精选传感、5G、大数据、人工智能、区块链、网络安全六个新兴技术方向，从宏观政策环境分析、产业发展概况、技术发展现状分析、业务应用需求和典型应用场景、关键技术分类及重点研发方向、基于专利的企业技术创新力评价、新技术产品及应用解决方案、技术产业发展建议等方面，组织编制了"电力信息通信技术产业发展报告 2020"系列专题报告，集合专家智慧、融通行业信息、引领产业发展，希望切实发挥智库平台的技术风向标、市场晴雨表和产业助推器的作用。

本报告适合能源、电力行业从业者，以及信息化建设人员，帮助他们深度了解电力行业数字化转型升级的关键技术及典型业务应用场景；适合企业管理者和国家相关政策制定者，为支撑科学决策提供参考；适合关注电力信息通信新技术及发展的人士，有助于他们了解技术发展动态信息；可以给相关研究人员和技术人员带来新的认识和启发；也可供高等院校、研究院所相关专业的学生学习参考。

特别感谢 EPTC 电力信息通信专家工作委员会名誉主任委员李向荣先生等资深专家的顾问指导，感谢报告编写组专家们的撰写、修改，以及出版社老师们的编审、校对等工作，正是由于你们的辛勤付出，本报告才得以出版。由于编者水平所限，难免存在疏漏与不足之处，恳请读者谅解并指正。

编者

2021 年 1 月

# 目　录

# 图目录

# 表目录

# 第 1 章
# 宏观政策环境分析

## 1.1 国家网络安全政策分析

随着数字经济的发展，国家的政治、经济、文化等各个领域都离不开数据和数字基础设施，数据已成为国家基础性战略资源。近年来，大型数据泄露事件层出不穷，社会各界对于数据资产安全的关注度与日俱增。政府机构和组织屡受攻击，考生信息、公民医疗信息等民生数据泄露事件时有发生，AWS、德勤、网易、Equifax、万豪、华住等大型商业企业数据泄露事件不断，给政府、企业与人民造成巨大的经济以及信誉损失。大量数据泄露事件说明，必须持续加强网络安全防护，需要向以数据为中心的安全策略转变，防护思路从严防死守向积极防御及应急响应转变。我国高度重视关键信息基础设施保护，不断加强关键信息基础设施安全监管。关键信息基础设施领域安全成为网络安全的工作重点。大数据、工业互联网、智慧城市的安全和个人信息保护是近年各项政策法规的关注点。随着《网络安全法》的实施，许多监管规定、行业与技术标准开始落地，国内的信息安全工作越来越有法可依、有据可查。

### 1.1.1 网络安全政策概况

随着网络安全在国家发展战略中的地位越来越明确和突出，网络安全与信息化的关系进一步明确，网络安全监管不断加速完善。习近平总书记在 2016 年 4 月 19 日讲话中强调，网络安全和信息化是相辅相成的。安全是发展的前提，发展是安全的保障，安全和发展要同步推进。

近年来，我国密集出台了一系列网络安全相关的法律法规。包括 2016 年出台的《网络空间安全战略》、2017 年出台的《网络空间国际合作战略》，2017 出台的《网络安全法》明确了网络空间主权的原则，建立了关键信息基础设施安全保护制度，确立了关键信息基础设施重要数据跨境传输的规则，并推动后续一系列法律法规的出台和落地，2018 年的《信息安全技术 关键信息基础设施安全检查评估指南》、2019 年的《网络安全等级保护条例》、2019 年的《中华人民共和国密码法》（以下简称《密码法》）等法律法规紧密围绕关键信息基础设施安全保障，进一步从法律层面明确了网络安全涵盖的范围、供给需求监管各方的职责。

在《网络安全法》的整体指导下，随着网络安全等级保护、关键信息基础设施安全保护以及《密码法》的落地实施，我国网络安全已经进入法治时代。

1. 《网络安全法》

《网络安全法》是我国第一部全面规范网络空间安全管理方面问题的基础性法律，将近年来一些成熟的好做法制度化，并为将来可能的制度创新做了原则性规定，为网络安全工作提供切实法律保障。

《网络安全法》确立了网络安全法的基本原则，明确规定要维护我国网络空间主权，明确了网络安全与信息化发展并重原则，以及政府、企业、社会组织、技术社群和公民等网络利益相关者的共同参与的治理原则。《网络安全法》明确提出了我国网络安全战略的主要内容，明确表达了我国的网络空间治理诉求，提高了我国网络治理公共政策的透明度，促成网络空间国际规则的出台。

《网络安全法》重点保护关键信息基础设施，特别强调要保障关键信息基础设施的运行安全。强调在网络安全等级保护制度的基础上，对关键信息基础设施实行重点保护，明确关键信息基础设施的运营者负有更多的安全保护义务，并配以国家安全审查、重要数据强制本地存储等法律措施，确保关键信息基础设施的运行安全。《网络安全法》进一步明确了政府各部门的职责权限，完善了网络安全监管体制，完善了网络安全义务和责任，加大了违法惩处力度，将监测预警与应急处置措施制度化、法治化。

2. 安全等级保护制度

网络（信息）安全等级保护制度是我国政企长期执行的一项重要网络安全保障制度。2007 年和 2008 年颁布实施的《信息安全等级保护管理办法》和《信息安全等级保护基本要求》，这些法规和标准通常被称为"等保 1.0"。随着信息技术的发展和网络安全形势的变化，等保 1.0 要求已无法有效应对新的安全风险和新技术应用所带来的新威胁，为适应这些新技术的发展，特别是满足云计算、物联网、移动互联和工业控制领域信息系统的等级保护工作的需要，2019 年我国颁布了新的网络安全等级保护系列标准，于 2019 年 12 月 1 日起实施，即"等保 2.0"。等保 2.0 在等保 1.0 的基础上，进一步发展"一个中心、三重防护"的理念，从信息系统安全到网络安全，从被动防御到事前、事中、事后全流程的安全，实现了对基础信息网络、云计算、大数据、物联网、移动互联网和工业控制信息系统等级保护对象的全覆盖。等保 2.0 在法律法规、标准要求、安全体系、实施环节等方面都有了新的变化。

等保 2.0 的标准依据从条例法规提升到法律层面。等保 1.0 的最高国家政策是国务院第 147 号令，而等保 2.0 标准的最高国家政策是《网络安全法》，其中《中华人民共和国网络安全法》第二十一条要求，国家实施网络安全等级保护制度；第二十五条要求，网络运营者应当制定网络安全事件应急预案；第三十一条则要求，关键基础设施，在网络安全等级保护制度的基础上，实行重点保护；第五十九条规定的网络安全保护义务的，由有关主管部门给予处罚。因此不开展等级保护等于违法。

等级 2.0 在 1.0 基础上进行了优化，同时对云计算、物联网、移动互联网、工业控制、大数据新技术提出了新的安全扩展要求。在使用新技术的信息系统需要同时满足"通用要求＋扩展要求"，且针对新的安全形势提出了新的安全要求，标准覆盖度更加全面，安全防护能力有很大提升。通用要求方面，等保 2.0 标准的核心是优化，删除了过时的测评项，对测评项进行合理改写，新增对新型网络攻击行为防护和个人信息保护等新要求，调整了标准结构，将安全管理中心从管理层面提升至技术层面。

3. 《密码法》

2019 年，十三届全国人大常委会第十四次会议表决通过《密码法》，自 2020 年 1 月 1日起施行。《密码法》是我国密码领域的综合性、基础性法律，新时代密码工作面临许多新的机遇和挑战，担负更加繁重的保障和管理任务，关系国家政治安全、经济安全、国防安全和网络信息安全。

《密码法》全面贯彻落实习近平总书记关于密码工作的系列重要指示批示精神，以及中央关于密码工作的方针政策，将国家对关键信息基础设施商用密码的应用要求上升为法律规范，促进密码科技进步和创新，推动密码在各领域的应用。营造良好市场秩序，充分发挥密码在网络空间中信息加密、安全认证等方面的重要作用，保障网络与信息安全。

《密码法》将密码分为核心密码、普通密码和商用密码，实行分类管理，是党中央确定的密码管理根本原则。三类密码保护的对象不同，对其进行明确划分，有利于确保密码安全保密，有利于密码管理部门根据不同信息等级和使用对象对密码实行科学管理，充分发挥三类密码在保护网络与信息安全中的核心支撑作用。

密码法放宽市场准入，由事前审批转向事中、事后监管，推动商用密码国际化发展。推进商用密码检测认证体系建设，制定商用密码检测认证技术规范、规则，鼓励商用密码从业单位自愿接受商用密码检测认证，提升市场竞争力。

涉及国家安全、国计民生、社会公共利益的商用密码产品，应当依法列入网络关键设备和网络安全专用产品目录，由具备资格的机构检测认证合格后方可销售或者提供。

关键信息基础设施的运营者应当使用商用密码进行保护，自行或者委托商用密码检测机构开展商用密码应用安全性评估。商用密码应用安全性评估应当与关键信息基础设施安全检测评估、网络安全等级测评制度相衔接，避免重复评估、测评。未按照要求使用商用密码，或者未按照要求开展商用密码应用安全性评估的，依法予以查处。

## 1.1.2　网络安全政策出台的特点

我国的网络安全政策高度重视关键信息基础设施保护，不断加强关键信息基础设施安全监管。一是开展安全检查和评估，工业和信息化部连续十年组织基础电信企业、互联网企业、域名机构对自身网络系统开展安全性检查，年均处置数万起网络安全事件，有效保障了电信网和互联网安全稳定运行；二是加强对企业的考核通报，组织基础电信企业开展网络与信息安全责任考核，将监督检查及整改结果、安全事件和处置情况纳入年度考核；三是强化应急指挥能力建设，工业和信息化部构建了由各地通信管理局、基础电信企业等单位参与的行业一体化指挥体系。在政策制定方面，多个国家部委先后出台一系列网络安全政策，推动关键领域的网络安全建设工作，提升监管能力和个人信息保护力度，推进网络安全的发展进程。

1. 多个行业领域网络安全政策及标准相继出台

近几年，国家各个部门都相继出台网络安全相关行动计划和实施细则。随着《网络安全法》的实施，许多监管规定、行业与技术标准开始落地，国内的信息安全工作越来越有法可依、有据可查。中央网信办、公安部、工信部、各省（自治区、直辖市）政府、标准制定机构、行业协会组织，从指导、协调、监管、执法、规划、实施、交流等各个层面，大力推动信息安全产业的健康有序发展。尤其是关键信息基础设施领域，电力、工业互联网等网络安全工作的指导意见持续出台，从行业全局统筹指导网络安全工作，强化网络安全综合治理格局，健全网络安全管理体系，明确网络安全工作重点，有力推动行业网络安全实现新发展。

其中，多部门出台相关政策助力金融网络安全水平不断提升。近几年，中央网信办、证监会、中国人民银行等部门相继发布《关于推动资本市场服务网络强国建设的指导意见》（中网办发文〔2018〕3 号）、《关于进一步加强征信信息安全管理的通知》（银发〔2018〕102 号）、《关于开展支付安全风险专项排查工作的通知》（银办发〔2018〕146 号）、《金融信息服务管理规定》、《中国人民银行关于发布金融行业标准加强移动金融客户端应用软件安全管理的通知》（银发〔2019〕237 号）等一系列政策法规，深入落实金融科技风险防控，重点加强金融业关键信息基础设施保护，不断提升金融网络安全水平。

网络安全产业主要政策见表 1-1。

表 1-1 　　　　　　　　　　　　网络安全产业主要政策

| 颁布时间 | 颁布主体 | 政策名称 | 文　号 | 关键词（句） |
|---|---|---|---|---|
| 2019 年 | 工业和信息化部 | 《电信和互联网行业提升网络数据安全保护能力专项行动方案》 | 工信厅网安〔2019〕42 号 | 数据安全 |
| | 工信部、教育部等十部门 | 《加强工业互联网安全工作的指导意见》 | 工信部联网安〔2019〕168 号 | 工业互联网安全 |
| | 国家互联网信息办公室 | 《儿童个人信息网络保护规定》 | | 个人信息网络保护 |
| | 中国人民银行 | 《关于发布金融行业标准加强移动金融客户端应用软件安全管理的通知》 | 银发〔2019〕237 号 | 应用软件安全 |
| | 国家市场监督管理总局、中国国家标准化管理委员会 | 《信息安全技术网络安全等级保护基本要求》 | | 网络安全 |
| 2018 年 | 工业和信息化部 | 《工业互联网发展行动计划（2018—2020 年）》 | 工信部信管函〔2018〕188 号 | 工业互联网安全 |
| | 国家网信办、公安部 | 《具有社会舆论属性或社会动员能力的互联网信息服务安全评估规定》 | | 互联网信息服务安全 |
| | 国家能源局 | 《关于加强电力行业网络安全工作的指导意见》 | 国能发安全〔2018〕72 号 | 电力行业、网络安全 |
| | 国家卫生健康委员会 | 《关于印发国家健康医疗大数据标准、安全和服务管理办法（试行）的通知》 | 国卫规划发〔2018〕23 号 | 健康医疗大数据、数据安全 |
| | 公安部 | 《公安机关互联网安全监督检查规定》 | 公安部令第151 号 | 互联网安全 |

| 颁布时间 | 颁布主体 | 政策名称 | 文　号 | 关键词（句） |
|---|---|---|---|---|
| 2018 年 | 工业和信息化部 | 《工业互联网平台建设及推广指南》《工业互联网平台评价方法》 | 工 信 部 信 软〔2018〕126 号 | 工业互联网、网络安全 |
| | 中国银行保险监督管理委员会 | 《银行业金融机构数据治理指引》 | 银保监发〔2018〕22 号 | 数据治理、数据安全 |
| | 中国人民银行 | 《关于进一步加强征信信息安全管理的通知》 | 银发〔2018〕102号文 | 信息安全 |
| | 中央网信办、中国证监会 | 《关于推动资本市场服务网络强国建设的指导意见》 | 中 网 办 发 文〔2018〕3 号 | 网络安全和金融安全 |
| 2017 年 | 国家标准化管理委员会 | 《信息安全技术个人信息安全规范》 | | 个人信息安全 |

数据来源：赛迪顾问，2020 年 7 月。

2. 大数据、工业互联网和个人信息保护是近年来网络安全政策法规的重点

大数据和个人信息保护是近年各项政策法规的关注点。近几年，国家各个部门都相继出台网络安全相关行动计划和实施细则，尤其是工业互联网、个人信息保护及大数据领域。2017 年 12 月，工信部印发《工业控制系统信息安全行动计划（2018—2020 年）》（工信部信软〔2017〕316 号）。2019 年 5 月和 6 月，国家互联网信息办公室先后发布《数据安全管理办法（征求意见稿）》和《个人信息出境安全评估办法（征求意见稿）》向社会公开征求意见。9 月，《儿童个人信息网络保护规定》正式发布。未来，个人信息安全风险将更加突出，我国将继续完善相应法规体系，提升监管能力和个人信息保护力度。

3. 金融行业成为网络安全政策出台的重点领域

近几年，中央网信办、证监会、中国人民银行等部门相继发布《关于推动资本市场服务网络强国建设的指导意见》《关于进一步加强征信信息安全管理的通知》《关于开展支付安全风险专项排查工作的通知》《金融信息服务管理规定》《中国人民银行关于发布金融行业标准加强移动金融客户端应用软件安全管理的通知》等一系列政策法规，深入落实金融科技风险防控，重点加强金融行业关键信息基础设施保护，不断提升金融行业网络安全水平。

4. 工业控制系统是近几年安全政策的关键照顾对象

2011 年 10 月，工业和信息化部发布《关于加强工业控制系统信息安全管理的通知》，重点加强核设施、钢铁、有色、化工、石油石化、电力、天然气、先进制造、水利枢纽、环境保护、铁路、城市轨道交通、民航、城市供水供气供热以及其他与国计民生紧密相关领域的工业控制系统信息安全管理，落实安全管理要求。

2016 年 10 月，工业和信息化部印发《工业控制系统信息安全防护指南》。指南对工控系统信息安全防护落实手段进行了进一步的明确，规定了地方工业和信息化主管部门要根据工业和信息化部的统筹安排，对本行政区域内的工业企业进行指导并制订工控安全防护实施方案。要求各相关单位建立工控安全管理机制、成立信息安全协调小组等方式，明确工控安全管理责任人，落实工控安全责任制，部署工控安全防护措施。

2017 年 12 月，工业和信息化部印发《工业控制系统信息安全行动计划（2018—2020

年）》。行动计划提出，到 2020 年，工控安全管理工作体系建成，企业主体责任明确，各级政府部门监督管理职责清楚，工作管理机制基本完善。全系统、全行业工控安全意识普遍增强，对工控安全危害的认识明显提高，将工控安全作为生产安全的重要组成部分。态势感知、安全防护、应急处置能力显著提升，全面加强技术支撑体系建设，建成全国在线监测网络，应急资源库，仿真测试、信息共享、信息通报平台（一网一库三平台）。促进工业信息安全产业发展，提升产业供给能力，培育一批龙头骨干企业，创建 3～5 个国家新型工业产业示范基地。

2019 年 9 月，工业和信息化部会同十部门联合印发《加强工业互联网安全工作的指导意见》，要求"加快构建工业互联网安全保障体系，形成覆盖工业互联网全生命周期的事前防范、事中监测和事后应急能力"。

2019 年 12 月"国家工业互联网安全态势感知与风险预警平台"正式发布。该平台通过主动探测与流量分析相结合的方式，充分利用行业监管数据资源优势，实现多维感知安全态势、及时预警风险信息、多元汇聚基础资源等功能，依托"国家-省-企业"三级架构，形成"全国一盘棋"的工业互联网安全风险实时监测、动态感知、快速预警的监测保障体系。

## 1.1.3　网络安全立法展望

新技术、新业态的不断涌现，随之而来的便是新的安全风险和挑战。随着新一代信息通信技术在更广范围、更深层次、更高水平与实体经济融合，网络安全风险和挑战也不断渗透、扩散、放大，急需在物联网、区块链、5G、互联网等领域加大安全立法力度，提早谋划，预先布局，有效防范不断变化的安全风险。

2020 年出台的《网络安全审查办法》是应对近年来网络空间安全的风云变幻，是落实《网络安全法》要求、构建国家网络安全审查工作机制的重要举措，是确保关键信息基础设施供应链安全的关键手段，更是保障国家安全、经济发展和社会稳定的现实需要。第十三届全国人大常委会第二十次会议 2020 年 6 月 28 日至 30 日在北京举行，会议审议全国人大常委会委员长会议关于提请审议个人信息保护法、数据安全法草案的议案，我国在网络安全法律法规上又实现了一次突破。随着国际形势的发展和我国新基建的逐步落地，为应对新形势，我国网络空间安全立法和政策监管趋严趋细，网络安全作为国家战略，进入了法治时代。

## 1.2　电力网络安全战略分析

## 1.2.1　安全战略概况

国家发改委、国家能源局等国家部门高度重视电力网络安全，相继颁布了一系列法令、制度和标准，明确了电力系统安全防护要求。国家发改委 2014 年发布了第 14 号令《电力监控系统安全防护规定》，按照"安全分区、网络专用、横向隔离、纵向认证"的原则，进行电力监控系统的安全防护技术体系建设，按照"谁主管谁负责，谁运营谁负责，谁使用谁负责"的原则，规范安全管理；2014 年，国家能源局制定了《电力行业网络与信息安全管理办法》，明确了本单位的网络与信息安全工作的责任主体：电力企业（适用于两大电网公司、五大发电集团、中国核电和中广核等两家核电企业等）。网络与信息安全的第一责任人：电力企业主要负责人。遵循的制度与规定：信息安全等级保护制度和电力监控系统安全防护规定。开展的工作：电力监控系统安全防护评估、信息安全等级测评、信息安全风险评估、建立信息安全通报制度、制订应急预案等；国家能源局 2015 年发布了《电力监控系统安全防护总体方案》（国能安全〔2015〕36 号），确定了电力监控系统安全防护体系的总体框架，细化了电力监控系统安全防护总体原则，确定安全区的划分依据，明确各安全区之间在横向及纵向的防护原则，定义了通用和专用的安全防护技术与设备，以指导各有关单位具体实施。

电力企业高度重视网络安全，将网络安全上升到生产安全的高度，总体战略是加强安全管理、强化技防体系、培育网络安全人才、加强新技术攻关。

**1. 安全管理方面**

一是落实国家网络安全要求，贯彻落实《网络安全法》《信息安全等级保护管理办法》等国家安全等级保护的要求，开展实施关键信息基础设施网络安全提升专项行动，参加"国家网络安全宣传周"等专业展会，完成国家重大保障任务与专项演习；二是加强网络安全统一管理，在总部和各级单位调整成立网络安全和信息化领导小组，国家电网有限公司和中国南方电网有限责任公司总部还设置了网络安全管理处；三是优化网络安全制度体系，强化网络安全审查与通报机制，持续推进常态安全检查机制，优化网络安全顶层设计，开展网络安全技术标准修编工作。

**2. 技防体系方面**

一是构建电力系统纵深防御技术体系，如国家电网有限公司建成了"可管可控、精准防护、可视可信、智能防御"的网络安全防御体系。中国南方电网有限责任公司建设了"可监测、可溯源、可控制"防御技术体系。二是优化调整网络分区结构，逐步归集电力企业各单位互联网出口，增强边界防护及监测措施。三是建设网络安全态势感知与预警平台，开展告警监测处置等安全运营、内外部威胁情报库建设工作。四是加强边界安全防护装置核心技术研发，如国家电网有限公司研发了正反向安全隔离装置、纵向加密认证装置、信息网络隔离装置、安全接入网关等自主可控装备。五是加强移动和终端安全防护，保障移动办公等业务开展。六是加强业务安全保障，强化互联网业务安全保障，加强电网监控系统安全防护，落实国际业务安全防护建设，保障各类业务安全稳定运行。

**3. 人才建设方面**

一是建设网络安全专业队伍。如国家电网有限公司建设了"红蓝队"，开展红蓝队常态轮岗锻炼、红蓝队攻防技术交流会、攻防渗透技能培训等工作。二是积极参与各项国家及社会各级网络安全技能竞赛，通过"以赛代练、攻防联动"的方式培养网络安全人才。三是建设网络安全分析室。如国家电网有限公司建立两级网络安全分析室，国网信通公司建设网络安全分析监控中心，联研院建设网络安全技术分析中心，各省级单位建设网络安全分析室，深入开展情报共享和联合保障工作。

4. 技术攻关方面

一是加强网络安全新技术研究，开展人工智能安全防护研究，探索网络安全自动化攻防，开展区块链、大数据、云计算等新技术的安全防护研究，开展商用密码应用与建设研究，如国家电网有限公司推动"国网芯"安全芯片和可信计算应用。二是网络安全实验室建设，建设公司信息网络安全实验室，开展信息网络安全运维及检测技术研究、信息网络安全标准研究，推进网络安全技术研究与实验验证工作。

## 1.2.2　安全发展方向

网络攻击已上升为能源安全新威胁。近年来，电力战风声频传，乌克兰、委内瑞拉等电力系统屡遭网络攻击，轻者造成企业经济损失，重者引发大范围停电，严重影响社会经济运转。网络空间对抗平战结合，平时就在悄然发生，并可助战时快速取得主动权。国家持续加强实战演习，"护网行动"常态化，演习规模逐年升级，电力企业作为关键基础设施建设运营单位，将面临网络安全实战考验。

新能源云、智慧车联网、能源大数据等新型数字化产业将成为电力企业未来业务发展的重要增长点，新型基础设施建设也将有力支撑公司传统业务数字化转型，电力企业数字资产比重提升，数字资产保护更加受到关注。除传统电力资产安全外，数字化资产安全也将成为电力企业未来安全防护的重心，信息系统供应链安全和产业生态安全更受重视，将成为网络安全关键技术自主可控和网络安全体系化建设的新动力，促成网络安全防护新一轮变革升级；"大云物移智链"等新技术在网络安全领域的应用将进一步深化，促进防护水平大幅提升，基于物联网、区块链等技术，对海量数字资产与数字身份，可以实现更细粒度、更加精准、更为及时的全面安全管控，此举将有利于风险资产的快速定位，风险防御策略的动态执行，风险处置的高效精准，人工智能将在威胁发现、监测预警之外的更多方面赋能网络安全。各类防御技术措施的相互开放融合成为趋势，防护手段将由单点分散向融合智能转变，将以安全中台为中枢，覆盖电力行业各类终端、网络、平台与应用，实现接口互通、信息共享，成为一体化全景网络安全监测响应与执行的"智慧安全大脑"；新技术应用除可能遭受传统网络攻击威胁外，还面临针对技术自身的特定攻击风险。人工智能算法和系统自身存在算法偏见、黑箱等安全隐患及滥用风险，需要解决模型窃取、样本攻击等新问题。云环境下虚拟主体与物理实体之间不再一一对应，实现数据安全流转和可追溯难度增加，量子计算技术对传统密码技术产生威胁，区块链、5G、传感、边缘计算等新技术将在能源互联网建设中得到广泛应用，所面临的网络安全威胁也会更加复杂。新技术、新应用带来了发展机遇，同时也给网络安全带来了风险和挑战，网络安全必将与新技术保持同步发展。

电力企业网络安全发展方向为：一是安全防护合规化，遵守国家网络安全法律法规，加强政策研究，将相关要求融入公司网络安全各项规章制度，坚决落实等级保护、关键信息基础设施保护相关国家和行业要求，加强数据安全管理，保障数字化产业供应链安全；二是开放互联可信化，顺应能源革命和数字相融并进大趋势，在开放互联的环境下，推动产业数字化安全发展，构建贯穿电力供应链上下游各环节的信任体系，实现电力、设备、系统、数据、人员之间的在可信互动，保障数字化产业链安全可控，加强新型数字资产防护，实现内容精准防护，共同支撑国家能源互联网发展战略；三是安全攻防实战化，提升与国家队联合应急处置能力，围绕实战攻防对抗，开展安全防护运营建设，具备应对外部敌对势力网络攻击的对抗和反制能力，加强网络安全运营流程化管理，用数字化、可视化和移动化手段强化运营能力，以实战提升安全意识，以实战评估防护水平，快速敏捷地适应业务应用的各类变化，并推动防护能力向外输出，彰显具有中国特色的国企担当；四是安全防御联动化，通过关联串接防护措施，积累安全监测数据，动态感知安全态势，自动处置威胁事件，形成包含国家、行业、电力企业各级各专业的网络安全"智慧联动响应圈"。

# 第 2 章
# 电力网络安全产业发展概况

## 2.1 网络安全产业链全景分析

### 2.1.1 新形势之下网络安全产业范畴正在发生巨大变化

随着大数据、云计算、物联网的不断发展，网络的边界越来越模糊，安全形势也越来越复杂化。虚拟空间和实体空间结合的越来越紧密，网络安全的范畴发生了很大的变化。从广义上来讲，网络安全可以称之为网络空间安全，主要是指包括涉及互联网、电信网、广电网、物联网、计算机系统、通信系统、工业控制系统等在内的所有系统相关的设备安全、数据安全、行为安全及内容安全。

网络安全产业主要是针对重点行业及企业级用户提供的保障网络可靠性、安全性的产品和服务。其主要包括防火墙、身份认证系统、终端安全管理系统、安全管理平台等传统产品，云安全、大数据安全、工控安全等新兴产品，以及安全评估、安全咨询、安全集成为主的安全服务。

### 2.1.2 信息技术发展推动网络安全产品和服务密切联系

纵观网络安全市场产品主要包括网络安全产品、网络安全服务、新兴领域安全产品。其中，网络安全产品包括网络安全领域的软硬件产品，具体有网络安全、终端安全、安全管理、数据安全、身份与访问管理、应用安全、业务安全、安全支撑工具等；网络安全服务主要是指向客户提供的网络安全服务，包括安全咨询、安全运维、安全评估、应急响应、新技术服务等；新兴领域安全主要针对解决新兴领域安全问题而提供的产品和服务，与其他的网络安全产品和服务有部分交叉，包括云安全、大数据安全、移动安全、物联网安全、工控安全等。

随着网络信息技术的快速发展，网络安全技术不断细分发展，新兴领域应用越来越广泛，软硬件产品的界限愈发模糊，产品和服务的联动更加紧密。网络安全产业链全景如图 2-1 所示，网络安全产业链企业图谱如图 2-2 所示。

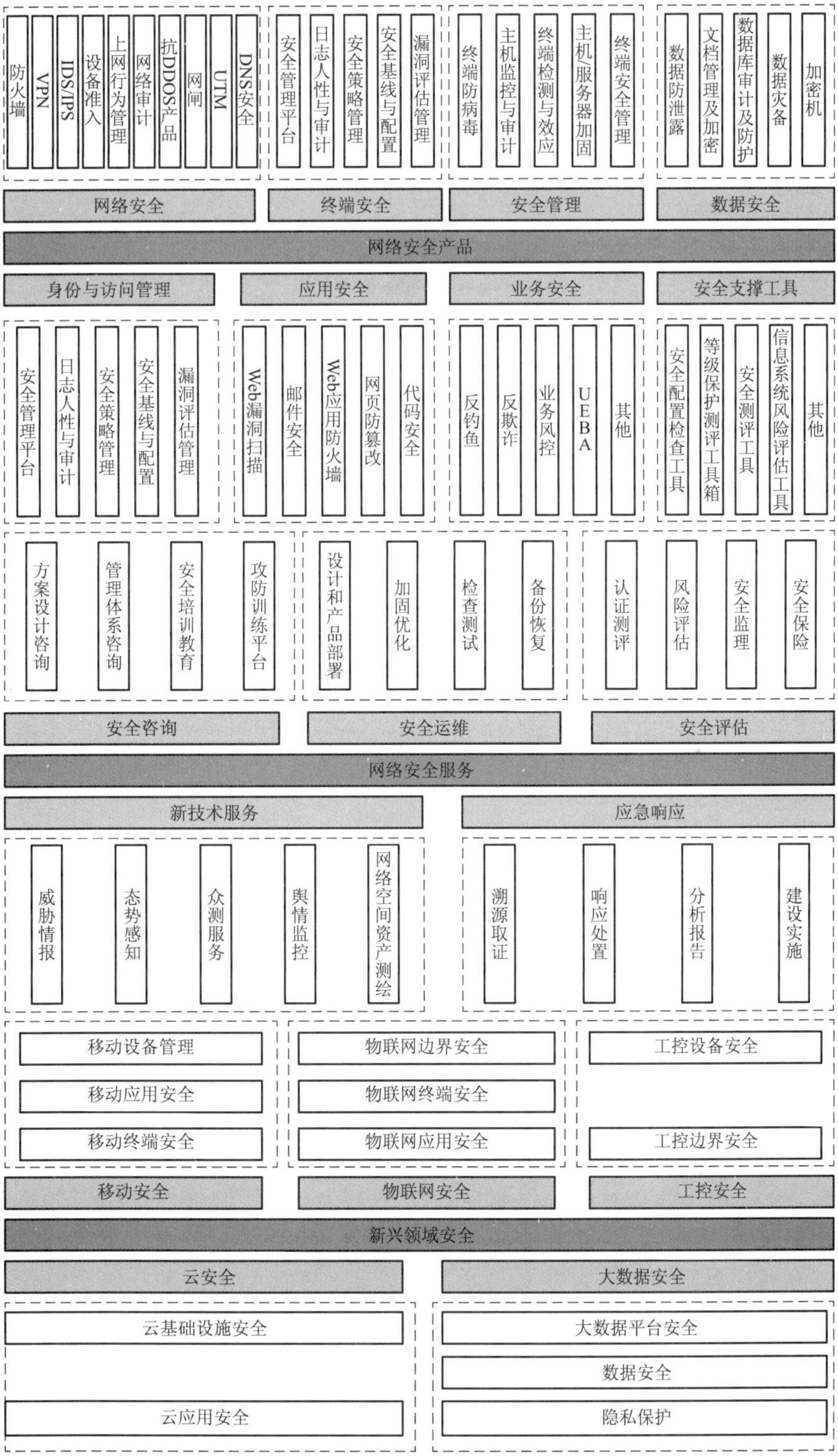


图 2-1 网络安全产业链全景图

（数据来源：赛迪顾问，2020 年 7 月）

图 2-2 网络安全产业链企业图谱

（数据来源：赛迪顾问，2020 年 7 月）

## 2.2 网络安全产业发展现状

数字化产业和数字化社会使虚拟空间和实体空间的链接不断加深，导致安全风险从单纯的网络安全逐步扩展到全社会的所有空间，安全能力将成为关系社会安定、经济平稳运行的关键基础性能力。此外，"新基建"加速融合信息产业和传统产业，从而进一步推动数字经济的发展。随着大数据和人工智能的发展及广泛应用，设备间的网络硬件屏障不复存在，存在于设备、企业、行业、地域间的物理界限消失，数据跨界流转的速度越来越快，数据总量将以指数级速度增长。因此，如何保障用户隐私和数据安全成为数字经济建设中的基础性问题，数据安全的防护思路和技术体系需要转变和升级。未来，数据安全将是各行各业的关注重点，数据安全相关产品及服务将会有很大的需求。

### 2.2.1 世界各国不断加强关键信息基础设施安全防护，网络安全市场规模保持稳定增长

当前，网络空间安全成为世界各国关心的重大问题，全球主要国家和地区纷纷将其上升至国家战略层面。随着互联网产业经济的日趋成熟，以金融、能源、电力、通信、交通等领域为代表的关键信息基础设施已成为经济社会运行的神经中枢。关键信息基础设施一旦遭遇破坏或袭击，可能导致企业和国家的巨额经济损失，甚至会威胁到人民群众的生命安全和社会稳定。一直以来，世界各国高度重视关键信息基础设施安全保护问题，美国、欧盟、日本等国家和地区相继出台《提升关键基础设施网络安全框架》《网络与信息安全指令》《国际网络安全战略网络安全合作计划》等政策文件，以加大对关键信息基础设施的保护力度。

近几年来，随着勒索软件的兴起以及愈演愈烈的网络安全攻击，全球各类规模的组织都在不断增强其信息安全意识，各大公司对敏感数据保护的投资也在不断增加。2019年，全球网络安全行业融资并购总金额达到 280 亿美元，事件数量达到 400 次以上。就中

国而言，2019 年国内融资总金额达 119.4 亿元，创历史之最。从融资额度上分析，综合型的头部网安企业融资额度最大，被资本市场持续看好。随着全球安全态势越来越严峻，安全创新技术的演进，安全初创企业会不断涌现，网络安全行业依旧会受到投融资市场的持续关注。2017—2019 年全球网络安全市场规模及增长率如图 2-3 所示，可知全球网络安全市场稳步增长，2019 年总体规模达到 1383.6 亿美元。

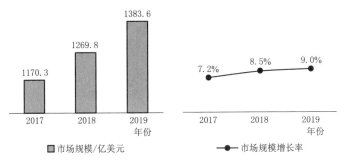

图 2-3  2017—2019 年全球网络安全市场规模及增长率

（数据来源：赛迪顾问，2020 年 7 月）

2019 年全球网络安全市场产品结构如图 2-4 所示，可知 2019 年在全球网络安全市场中，以安全托管服务、安全订阅服务为主的安全服务市场份额最大，占市场的 63.9%；软件市场规模为 369.4 亿美元，占整体市场的 26.7%；硬件占比最少，占整体市场的 9.4%。

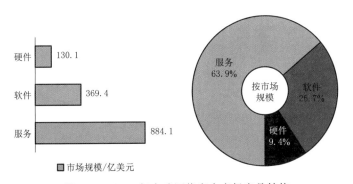

图 2-4  2019 年全球网络安全市场产品结构

（数据来源：赛迪顾问，2020 年 7 月）

2019 年全球网络安全市场区域结构如图 2-5 所示，可知在区域分布方面，北美、欧洲、亚太保持三足鼎立态势，合计市场份额超过 90%。其中，以美国、加拿大为主的北美地区 2019 年市场规模达到 542.0 亿美元，较 2018 年增长 9.1%，市场规模全球占比 39.2%，占据全球最大份额；亚洲市场 2019 年规模合计 374.1 亿美元，同比增长 9.6%，全球占比 27.0%；欧洲市场 2019 年规模合计 361.9 亿美元，同比增长 8.6%，全球占比为 26.2%；中东、拉丁美洲等其他地区网络安全产业规模为 105.6 亿美元，全球占比为 7.6%。

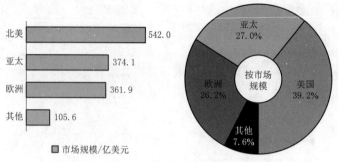

图 2-5　2019 年全球网络安全市场区域结构

（数据来源：赛迪顾问，2020 年 7 月）

### 2.2.2　中国网络安全市场规模突破 600 亿元，安全硬件产品占据主要地位

2019 年，网络安全政策法规持续完善优化，"等级保护 2.0"出台并开始实施，网络安全市场规范性逐步提升，政企客户在网络安全产品和服务上的投入稳步增长，云安全、威胁情报等新兴安全产品和服务逐步落地，自适应安全、情境化智能安全等新的安全防护理念接连出现，为我国网络安全技术发展不断注入创新活力。随着国家在网络安全政策上的支持加大、用户需求扩大、企业产品的逐步成熟和不断创新，网络安全市场保持快速增长，2017—2019 年中国网络安全市场规模及增长率如图 2-6 所示，可知 2019 年网络安全市场规模达到 608.1 亿元，同比增长率高达 22.8%。

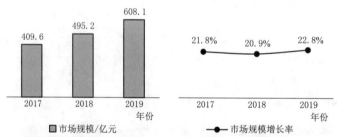

图 2-6　2017—2019 年中国网络安全市场规模及增长率

（数据来源：赛迪顾问，2020 年 7 月）

2019 年中国网络安全市场结构如图 2-7 所示，可知 2019 年我国网络安全市场仍以硬件产品为主，占据接近一半市场份额，市场规模达 292.2 亿元，市场占比为 48.0%；软件产品市场规模逐年增长，2019 年达 242.5 亿元，占总市场的 39.9%。由于国内安全支出更多地为合规驱动，因此安全服务仍远远低于全球水平。

### 2.2.3　华东、华北、中南三地占中国总市场的 80% 以上，政府、金融、电信与互联网占中国市场主要地位

2019 年中国网络安全市场区域结构如图 2-8 所示，从区域结构上看，华东、华北和中南三个地区由于信息化程度较高，网络信息安全的需求也最大，市场规模占据全国总市场的 80% 以上，市场份额分别达到 29.1%、28.4% 和 26.6%。近年来，西南、西北等

地区网络信息安全市场需求也在逐步上升，市场规模增长较快。

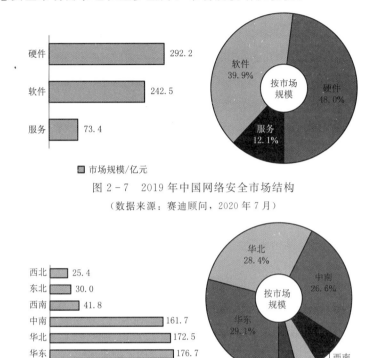

图 2-7 2019 年中国网络安全市场结构

（数据来源：赛迪顾问，2020 年 7 月）

图 2-8 2019 年中国网络安全市场区域结构

（数据来源：赛迪顾问，2020 年 7 月）

2019 年中国网络安全市场行业结构如图 2-9 所示，从行业结构上看，受合规因素推动 2019 年政府依旧是网络信息安全投入占比最大的行业市场，市场规模达 151.1 亿元，占总市场的 24.9%。电信与互联网、金融等领域的网络信息安全投入排在前列，市场规模分别为 111.8 亿元和 106.6 亿元。此外，教育与科研、制造、能源等领域的网络信息安全需求近些年来也在不断攀升，市场增长迅速。

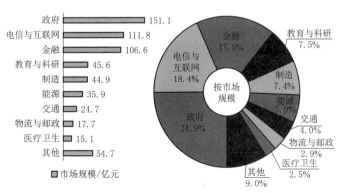

图 2-9 2019 年中国网络安全市场行业结构

（数据来源：赛迪顾问，2020 年 7 月）

### 2.2.4 "新基建"加速布局，网络信息安全迎来发展新机遇

"新基建"的推进必将带来一轮信息化基础设施建设的高峰，推动社会经济模式和产业模式的新变革。网络安全作为"新基建"中必不可少的安全保障，会迎来产业发展的新机遇。

以 5G 为代表的新一代信息基础设施建设，可以支持物联网、工业互联网、智能家居、智慧医疗、智慧城市等多样化的交互智能的应用场景。在新一代信息基础设施建设过程中，不但要考虑 5G、工业互联网、人工智能、大数据中心等自身架构的安全，而且要考虑在"新基建"形成的广泛应用场景的安全，不同场景的安全需求各有差异。交通、能源、制造等行业信息基础设施建设逐步加快，国家监管必然要求在建设过程中满足网络安全合规性，此类行业将在国家政策推动下加大网络安全的投资力度。随着智慧城市、数字经济的发展，网络安全更趋向于综合安全能力和运维能力的一体化需求，持续的监测服务能力比单纯防护更为重要。因此，网络安全需要与"新基建"紧密联系，形成共成长、共协同的服务模式。

## 2.3 电力网络安全市场规模预测

### 2.3.1 电力网络安全关系重大，能源互联网对电力网络安全提出新要求

以电力行业为代表的能源行业的信息系统安全关乎国计民生，关键信息基础设施一旦遭遇破坏或袭击，可能导致企业和国家的巨额经济损失，甚至会威胁到人民群众的生命安全和社会稳定。然而目前的电力信息网络运行过程仍然存在着较多安全性问题，容易造成网络攻击事件发生。近几年巴西电力公司和欧洲能源巨头 EDP 公司遭受勒索软件攻击、乌克兰核电厂发生重大网络安全事故、委内瑞拉电力系统多次遭遇网络攻击导致大规模停电、美国电力公司被黑客利用防火墙漏洞进行攻击等电力网络安全事件频频发生，再一次表明网络安全已经成为电力行业需要解决的主要问题。

我国近年来一直重视电力网络安全，尤其是能源互联网领域的网络安全建设工作。2020 年 6 月 12 日，国家发改委、国家能源局联合印发《关于做好 2020 年能源安全保障工作的指导意见》（发改运行〔2020〕900 号），在积极推进能源通道建设部分指出要"加快电力关键设备、技术和网络的国产化替代，发展新型能源互联网基础设施，加强网络安全防护技术研究和应用，开发和管理电力行业海量数据，打牢电力系统和电力网络安全的基础。"同时要"建立能源监测预警体系，动态监测能源安全风险，形成多层次、分级别的预警与应急响应机制。加强能源安全信息及时、准确、规范发布"。

国家电网有限公司则在 2019 年从总部层面对于组织架构进行了调整。国网信通部和运监中心合并成立能源互联网部，并由互联网部牵头组织推动公司数据和大数据应用归口管理以及建立网络与信息安全保障体系。

国网互联网部明确了在网络信息安全领域重点完成端到端物联网安全，物联终端安全，移动互联安全以及数据安全技术攻关。在安全防护方面，构建与公司能源互联网战略相适应的全场景安全防护体系，开展可信互联、安全互动、智能防御相关技术的研究及应用，为各类物联网业务做好全环节安全服务保障。

### 2.3.2　2022 年全球能源网络安全市场规模预计达到 136.1 亿美元

全球数字经济快速发展，催动网络安全市场规模持续增长，2020—2022 年全球网络安全市场规模及增长率预测如图 2-10 所示，预计 2022 年市场规模达到 1846.7 亿美元。

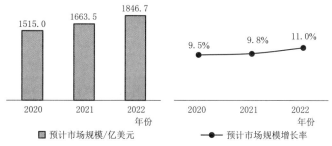

图 2-10　2020—2022 年全球网络安全市场规模及增长率预测

（数据来源：赛迪顾问，2020 年 7 月）

随着能源网络安全事件的频发，全球各国能源机构高度重视网络安全问题，2020—2022 年全球能源网络安全市场规模及增长率预测如图 2-11 所示，预计市场规模将以略高于全球网络安全市场规模的增速增长，2020 年全球能源网络安全市场规模达到 111.8 亿美元，同比增长 11.8%，而在 2022 年全球能源网络安全市场规模将达到 136.1 亿美元，在全球网络安全市场占比达到 7.4%。

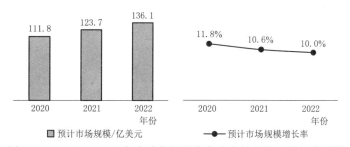

图 2-11　2020—2022 年全球能源网络安全市场规模及增长率预测

（数据来源：赛迪顾问，2020 年 7 月）

### 2.3.3　能源互联网的发展带动国内电力网络安全需求不断攀升

未来，"等级保护 2.0"、数据安全等相关法律法规的实施，监管部门监管力度的大幅提升，加之云计算、大数据、物联网等新兴应用的落地和发展，中国网络信息安全市场将保持高速增长，2020—2022 年中国网络安全市场规模及增长率预测如图 2-12 所示，预计在 2022 年形成千亿规模市场。

随着国家能源行业数字化进程的加快，能源行业信息网络所面临的网络攻击频率、复杂度和影响都在迅速提升，这也导致国内能源领域网络安全需求的不断增长，助力能源网络安全市场规模不断扩大。2020—2022 年中国能源网络安全市场规模及增长率如图 2-13 所示，2020 年中国能源网络安全市场规模达到 44.4 亿元，同比增长 23.7%，而在 2022 年中国能源网络安全市场规模将增至 69.7 亿元，其在中国网络安全市场的占比也将达到 6.1%。

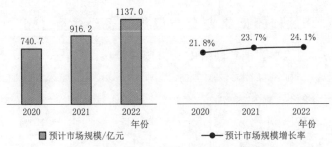

图 2-12　2020—2022 年中国网络安全市场规模及增长率预测

（数据来源：赛迪顾问，2020 年 7 月）

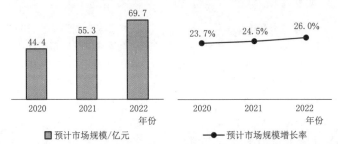

图 2-13　2020—2022 年中国能源网络安全市场规模及增长率预测

（数据来源：赛迪顾问，2020 年 7 月）

我国电力系统正在向网络化和智能化方向发展，随着大量智能感知设备连入电力系统，设备连接需要使用种类繁多的通信协议和电力系统专属网络协议，对认证机制和加密措施提出了新的要求。电力系统硬件设备和软件系统由于不可避免地存在一些漏洞也亟须进一步加强安全防护工作。此外，随着电力大数据时代的到来，使得电力数据安全、存储安全的防护也显得越发重要。电力系统信息网络对于新安全问题的重视正在加速中国电力网络安全市场规模的迅速扩大。2022 年中国能源网络安全市场结构预测如图 2-14 所示，预计 2022 年中国电力网络安全市场规模达到 44.8 亿元，在能源网络安全领域的市场份额最高，占比 64.6%，石油和天然气网络安全市场次之，预计 2022 年达到 21.0 亿元，占比 30.2%。

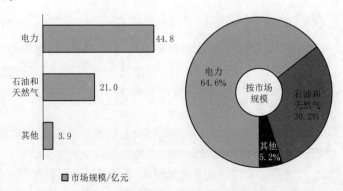

图 2-14　2022 年中国能源网络安全市场结构预测

（数据来源：赛迪顾问，2020 年 7 月）

　　在市场结构方面，电力网络安全市场主要包括电力网络系统硬件安全、电力网络系统软件安全等，其中电力网络系统硬件安全包括了防火墙/VPN 等边界防护、入侵检测系统（intrusion detection systems，IDS）/入侵防御系统（intrusion prevention system，IPS）、统一威胁管理（unified threat management，UTM）、Web 应用安全等。安全硬件经过近几年的高速发展，市场增速进入缓和增长期，但是仍然会有较大的需求，预计2022 年，电力网络硬件安全市场规模将达到 23 亿元；防火墙/VPN 等边界防护产品整体市场规模迅速提升，占比硬件安全领域近四成市场份额；IDS/IPS、UTM、Web 应用安全等占据硬件安全领域约三成市场份额。

　　电力网络系统软件安全包括了终端安全、信息加密/身份认证、安全管理平台、数据安全等内容。随着电力大数据、电力物联网等新兴技术市场的增长，安全管理、威胁情报、态势感知等安全软件类产品的需求不断上涨，应用了大数据、人工智能等技术的安全软件产品更能满足电力企业打造主动防御、动态防御的网络空间安全体系的需求，逐渐成为企业的重要选择。2022 年中国电力网络安全市场结构预测如图 2-15 所示，预计2022 年，电力网络软件安全市场规模将达到 18.1 亿元，信息加密/身份认证仍然占据软件安全领域市场的主要份额，而随着电力大数据的应用，数据安全市场规模将迅速加快，预计 2022 年市场规模将达到 3 亿元。

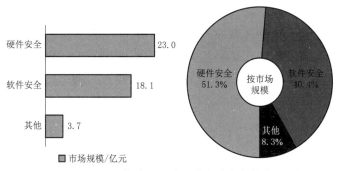

图 2-15　2022 年中国电力网络安全市场结构预测

（数据来源：赛迪顾问，2020 年 7 月）

## 2.4　电力网络安全产业发展趋势

　　在国家"十三五"能源规划和新电改政策的推动下，国家电网有限公司建设"中国特色国际领先能源互联网企业"的战略路径已逐步清晰，能源转型和数字革命成为必然的发展趋势。在构建能源流、业务流、数据流"三流合一"的能源互联网信息物理社会系统过程中，电力系统网络安全既面临着新的挑战，也迎来了发展机遇。未来人工智能等新一代信息技术在电力系统网络安全防护中的应用，将进一步提升支撑网络安全管理、应对有组织高强度攻击的能力，为推进我国能源互联网建设提供坚实基础。

### 2.4.1　电力网络安全与人工智能深度融合

　　当前，电力系统信息网络面对的网络攻击已经逐渐超出传统安全防御体系的感知范围、处理能力和响应速度，而人工智能技术的发展为网络安全提供了新的思路和方法，人工智能架构如图 2-16 所示，未来人工智能凭借其强大的学习和推理能力能够应对具有复杂性、多变性、动态性的电力行业网络安全问题，与电力行业网络安全的融合程度将逐步加深。

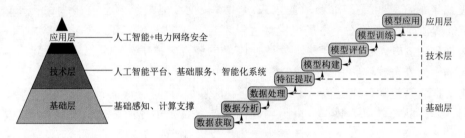

图 2-16 人工智能架构

（图片来源：《人工智能在网络安全运维服务中的应用》，赛迪顾问整理）

国家能源局发布的《关于加强电力行业网络安全工作的指导意见》（国能发安全〔2018〕72 号）明确指出，要提高网络安全态势感知、预警及应急处置能力。通过人工智能技术可以对大量数据进行学习，了解网络风险发生的实质性原因，然后通过推理能力做好网络安全防御工作；利用人工智能监控网络流量信息，通过算法和历史数据搭建合理化模型，可以找出隐藏的异常信息，达到识别和评估网络威胁的目的；此外，由于人工智能在模糊信息处理方面具有优势，也可以正确处理一些不确定性数据信息，避免未知信息对网络的威胁，最大限度地检测并识别潜在的非法入侵，提高入侵检测效率，很好地完成网络安全态势感知、预警及应急处置能力。

人工智能＋电力网络安全市场规模及增长率预测如图 2-17 所示，预计在 2022 年，结合人工智能技术的电力网络安全市场规模将达到 7.5 亿元，占比电力网络安全市场份额的 16.7%。未来，越来越多的电力企业将选择在网络安全领域应用人工智能技术迅速发现威胁并进行准确预测和及时响应。

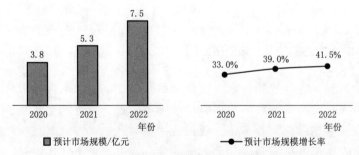

图 2-17 人工智能＋电力网络安全市场规模及增长率预测

（数据来源：赛迪顾问，2020 年 7 月）

## 2.4.2 电力系统大数据安全地位不断凸显

当前电力系统在供给侧数字化基础之上，正在继续向电力需求侧展开物理互联、信息互联和商业互联，带动电力数据总量呈指数级速度增长。数据快速增长的同时，如何保障用户隐私和数据安全成为电力系统数据建设中的基础性问题，电力数据安全的防护思路和技术体系也将迎来转变和升级。传统数据安全无法满足大数据安全需求，大数据安全涉及数据全生命周期的防护，需要从"以系统为中心的安全"转换到"以数据为中心的安全"思路上来；大数据场景下，企业内部组织结构不完整、内控制度不健全也会导致数据的泄露；数据复杂度将大幅增加，数据存储形式、使用方式和共享模式均将发生变化，无法适应大数据时代下的安全防护需求。

未来，电力大数据安全将是电力网络安全行业关注的重点，电力大数据安全相关产品及服务将会面临巨大的市场需求。

电力大数据安全是用以搭建电力数据平台所需的安全产品和服务，以及电力大数据场景下围绕数据安全展开的数据全生命周期的安全防护。电力大数据安全主要包括电力大数据平台安全、电力大数据安全防护和大数据隐私保护，产品主要包含电力大数据系统安全产品、电力大数据发现、电力大数据管理运营、敏感数据梳理、数据脱敏、应用数据审计、大数据审计等。

随着电力大数据安全市场的成熟，未来市场规模也将逐步提高，电力大数据网络安全市场规模及增长率预测如图 2-18 所示，预计 2022 年市场规模将达到 3.0 亿元，电力系统大数据安全业务将成为电力行业相关企业未来战略布局重点和重要商业化盈利点。

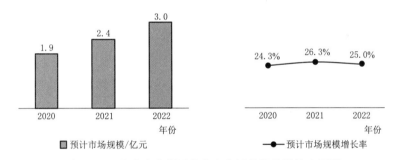

图 2-18　电力大数据网络安全市场规模及增长率预测

（数据来源：赛迪顾问，2020 年 7 月）

### 2.4.3　电力网络安全实战化水平不断提升

实战化水平是检验网络安全的唯一标准。未来，电力行业网络安全实战对抗能力的检验力度将持续加大。实战化安全防御是通过静态缩小攻击面以及动态监测响应、应急处置构建形成的完整体系，涉及的不再是单一产品、单一技术，而是包括了多个产品、多种技术和包括人在内的多种能力的体系。

电力网络安全将从被动的威胁应对和标准合规的模式，逐步走向面向能力导向的建设模式。通过结合大数据、人工智能、区块链等新一代信息技术，电力网络安全将具备有效检测、协同响应的实战化安全运营能力，摆脱传统防御措施碎片化、防御时各自为战的局面，扭转以往针对大规模紧急事件的被动应急模式，能够积极主动地发现威胁并有效对抗。

## 2.4.4　电力网络安全防护体系开放可信化

随着全球能源互联网的全面推进，大数据、云计算、物联网、人工智能等新一代信息通信新技术已成为智能电网关键核心技术，正加速应用到电网各环节，推动了电网创新发展。与此同时，新一代信息技术与电网的结合也催生了各种新的业务模式，正在面向电力用户提供更加开放、智能的服务。

伴随大量用户侧接入和访问，智能采集终端和移动作业终端的广泛应用和接入，以及无线公共网络传输通道的应用，使得网络基础环境也发生变化。"攻击面"迅速扩大，传统电网遇到故障时可以进行快速隔离，实现自我恢复。但是能源互联网时代，传统防护结构和体系面临巨大考验，工业控制系统逐渐打破以往的封闭性和专有性，对电网信息安全整体防御能力提出更高要求。而随着风电、光伏等新能源的大量并网，使得电力系统二次网络在新能源的结构下也面临着新的安全风险。新能源电力系统长期以来缺乏对网络安全的足够重视，欠缺安全管理，网络结构划分不够合理，缺失边界保护，加之新能源电站的发电终端数量多而分散，存在大量的安全漏洞，面对网络攻击时极其脆弱，网络攻击很容易通过发电终端渗透到各类业务应用中，直接影响电网的稳定运行，给安全生产带来了极大隐患。

未来将构建与能源互联网相适应的全场景电力网络安全防护体系，形成适应性更强的网络边界安全防护架构，能够根据具体电力业务终端的类型、应用环境以及通信方式等选择适宜的防护措施，具备可信互联、安全互动、智能防御等特点，从而为各类新业务、新模式做好全环节安全服务保障。

# 第3章
# 电力网络安全发展现状分析

## 3.1 电力系统面临的网络安全风险

近年来，国际上针对电力系统的网络攻击愈演愈烈，安全事件层出不穷，说明针对电力系统的网络战攻击手段已成为各国军事战略能力的重要组成部分。另外，境内外反动势力、恐怖主义也在持续武装非法网络攻击势力，试图通过黑客攻击破坏电力系统，影响国家政权和社会稳定。美国信息安全公司赛门铁克的调查报告显示，黑客已渗透多个西方国家的电力基础设施，具备破坏整个国家的电力基础设施的潜在威胁。随着能源互联网、工业互联网的推进发展，带来了网络结构复杂化、边界模糊化、威胁形态多样化等问题，如不及时加以防范，势必会产生更多安全暴露面和攻击点，敌对势力有可能乘虚而入。因此，要深刻认识到网络安全已成为政治、经济、生产安全的重要组成部分，同时也是防范网络攻击的重要战场，要坚持网络安全"三同步"，压实安全职责，加强专业队伍建设，严格各类管控和技术措施。

风险分析是实现电力系统网络安全纵深防御的基础，风险分析能够准确地评估电力系统存在的主要网络安全问题和潜在的风险，风险分析的结果是电力系统安全防护与监控策略建立的基础。

## 3.1.1 电力系统安全风险分析方法

在电力系统风险分析过程中，可以采用多种操作方法，包括经验分析、定量分析和定性分析。无论采用何种方法，共同目标都是找出电力企业信息资产面临的风险及影响，以及目前安全水平与企业安全需求之间的差距。

在电力系统风险分析的过程中，需要采用风险评估工具进行风险评估，以提高风险评估效率，及时发现电力系统面临的风险。

1. 经验分析法

经验分析法又称为基于知识的分析方法，可以采用基于知识的分析方法来找出目前的安全状况和基线安全标准之间的差距。通过多种途径采集相关信息，识别组织的风险所在和当前的安全措施，与特定的标准或最佳惯例进行比较，从中找出不符合的地方，并按照标准或最佳惯例的推荐选择安全措施，最终达到消减和控制风险的目的。经验风险法比较适合经验比较少的操作者，由经验比较丰富的操作者按照标准和惯例制定安全基线，供经验比较少的操作者借鉴使用。

基于知识的分析方法，最重要在于评估信息的采集。信息采集方法包括：会议讨论；对当前的信息安全策略和相关文档进行复查；编制问卷，进行调查；对相关人员进行访谈；进行实地考察等。

2. 定量分析法

定量分析法是对构成风险的各个要素和潜在损失的水平赋予数值或货币金额，当度量风险的所有要素（资产价值、威胁频率、弱点利用程度、安全措施的效率和成本等）都被赋值，风险评估的整个过程和结果就都可以被量化了。简单地说，定量分析就是试图从数字上对安全风险进行分析评估的一种方法。

对定量分析来说，有两个指标是最为关键的，一个是事件发生的可能性，另一个就是威胁事件可能引起的损失。理论上讲，通过定量分析可以对安全风险进行准确的分级，但其前提是可供参考的数据指标是准确的，可事实上，在信息系统日益复杂多变的今天，定量分析所依据的数据的可靠性是很难保证的，再加上数据统计缺乏长期性，计算过程又极易出错，这就给分析的细化带来了很大困难。所以，目前的信息安全风险分析，采用定量分析或者纯定量分析方法的比较少。

3. 定性分析法

定性分析法是目前采用最为广泛的一种方法，它具有很强的主观性，往往需要凭借分析者的经验和直觉，或者业界的标准和惯例，为风险管理诸要素（资产价值、威胁的可能性、弱点被利用的容易度、现有控制措施的效力等）的大小或高低程度定性分级，例如分为"高""中""低"三级。

定性分析法的操作方法可以多种多样，包括小组讨论（例如 Delphi 方法）、检查列表（checklist）、问卷（questionnaire）、人员访谈（interview）、调查（survey）等。定性分析法操作起来相对容易，但也可能因为操作者经验和直觉的偏差而使分析结果失准。

与定量分析法相比较，定性分析法的准确性稍好但精确性不够；定性分析法没有定量分析法那样繁重的计算负担，却要求分析者具备一定的经验和能力；定量分析法依赖大量的统计数据，而定性分析法没有这方面的要求；定性分析法较为主观，定量分析法基于客观；此外，定量分析法的结果很直观，容易理解，而定性分析法的结果则很难有统一的解释。

总之，不管是经验分析法，还是定性、定量分析法，其核心思想都是依据威胁出现的频率、破坏性的严重程度来确认安全事件发生的可能性，依据资产价值和脆弱性的严重程度来确认安全事件会造成的损失，最终从安全事件发生的可能性和损失来判断风险值。

4. 风险分析的工具

风险分析过程中，可以利用一些辅助性的工具和方法来采集数据，包括：

（1）调查问卷。风险分析者通过问卷形式对组织信息安全的各个方面进行调查，问卷解答可以进行手工分析，也可以输入自动化评估工具进行分析。从问卷调查中，评估者能够了解到组织的关键业务、关键资产、主要威胁、管理上的缺陷、采用的控制措施和安全策略的执行情况。

（2）检查列表。检查列表通常是基于特定标准或基线建立的，对特定系统进行审查的项目条款。通过检查列表，操作者可以快速定位系统目前的安全状况与基线要求之间的差距。

（3）人员访谈。风险分析者通过与组织内关键人员的访谈，可以了解到组织的安全意识、业务操作、管理程序等重要信息。

（4）漏洞扫描器。漏洞扫描器（包括基于网络探测和基于主机审计）可以对信息系统中存在的技术性漏洞（弱点）进行评估。许多扫描器都会列出已发现漏洞的严重性和被利用的容易程度。

（5）渗透测试。这是一种模拟黑客行为的漏洞探测活动，它不但要扫描目标系统的漏洞，还会通过漏洞来验证此种威胁场景。

## 3.1.2 安全风险识别

1. 内部人为风险

目前，电力系统主要面临的人为风险包括以下两个方面：人员的主观有意破坏和因操作不当导致的无意破坏。主观有意破坏是指有内部非授权人员有意或无意偷窃机密信息、更改系统配置和记录信息、内部人员破坏网络系统；因操作不当导致的无意破坏主要有操作员安全配置不当、资源访问控制设置不合理、用户口令选择不慎等。

2. 黑客攻击

黑客攻击是系统所面临的最大威胁。从国际范围来看，针对电力系统的黑客攻击可分为两种：一种是破坏性攻击，以某种方式有选择地破坏系统的运行有效性和数据完整性，是纯粹的信息破坏。另一种是非破坏性攻击，是在不影响网络正常工作的情况下进行截获、窃取和破译以获得重要信息。这两种攻击均可对工控系统网络造成极大的危害，并导致机密数据的泄密。

3. 病毒破坏

伊朗布舍尔核电站的遭遇为我们敲响了警钟，病毒攻击正在从开放的互联网向封闭的工控网蔓延，动机从技术展示到利益获取，发展到如今的高端性攻击。据权威工业安全事件统计显示，截止到 2013 年 10 月，全球已发生 300 余起针对电力业务系统的攻击事件。2001 年后，通用开发标准与互联网技术的广泛应用，使针对电力供应和电气化行业的工控系统的攻击行为出现大幅度增长。

4. 预置陷阱

预置陷阱是指在电力系统的软硬件中预置一些可以干扰和破坏系统运行的程序或者窃取系统信息的后门。这些后门往往是软件公司的编程人员或硬件制造商为了方便操作而设置的，一般不为人所知。一旦需要，他们就能通过后门越过系统的安全检查以非授权方式访问系统或者激活事先预置好的程序，以达到破坏系统运行的目的。

电力系统面临的主要网络安全风险见表 3-1。

表 3 - 1 电力系统面临的主要网络安全风险

| 序号 | 安全风险 | 描 述 |
|---|---|---|
| 1 | 黑客入侵 | 有组织的黑客团体或个体对电力系统进行恶意攻击、窃取数据或破坏电力系统正常运行 |
| 2 | 旁路控制 | 入侵者对发电厂、变电站发送非法控制命令，导致电力系统事故，甚至系统瓦解 |
| 3 | 完整性破坏 | 非授权修改电力控制系统配置、程序、控制命令；非授权修改电力交易中的敏感数据 |
| 4 | 未经授权 | 电力系统工作人员利用授权身份或设备，执行非授权的操作 |
| 5 | 工作人员的无意或故意行为 | 电力系统工作人员无意或有意地泄露口令等敏感信息，或不谨慎地配置访问控制规则等 |
| 6 | 拦截/篡改 | 拦截或篡改调度数据广域网传输中的控制命令、参数设置、交易报价等敏感数据 |
| 7 | 非法使用 | 非授权使用计算机或网络资源 |
| 8 | 信息泄露 | 口令、证书等敏感信息泄密 |
| 9 | 欺骗 | Web 服务欺骗攻击；IP 欺骗攻击 |
| 10 | 伪装 | 入侵者伪装合法身份，进入电力信息系统 |
| 11 | 拒绝服务 | 向电力系统网络或通信网关发送大量雪崩数据，造成网络或监控系统瘫痪 |
| 12 | 窃听 | 黑客在电力系统网络或专线信道上搭线窃听明文传输的敏感信息，为后续攻击做准备 |

## 3.2 电力系统网络安全防护体系

### 3.2.1 电力系统网络安全防护基本原则

结合电力系统特性和面临网络安全风险，网络安全防护应遵循下述基本原则。

1. 依法依规，严守防线

严格遵守国家相关法律法规，坚持合法性、合理性原则，坚决落实关键信息基础设施运营者主体防护责任，坚固网络安全防线，依法、依规推进电力系统网络安全保护，有效防范发生网络安全违法违规事件。

2. 分区分级，保护重点

根据电力系统的业务特性和业务模块的重要程度，遵循国家网络安全等级保护的要求，准确划分安全等级，合理划分安全区域，重点保护生产控制系统核心业务的安全。

3. 业务驱动，创新发展

紧跟电力企业业务发展需要，树立正确网络安全观，做到网络安全和业务发展协调一致、齐头并进，实现网络安全与公司业务深度融合，以安全保发展、以发展促安全。加速推动网络安全核心技术自主创新及应用，加强网络安全管理、技防及安全基础设施创新建设，做到关口前移、防患于未然。

4. 管控风险，保障安全

电力系统安全是国家安全的重要组成部分，关乎国家安全和社会稳定。应全面加强网络安全风险管控，保障电力系统安全，确保电力系统安全稳定运行。

### 3.2.2 电力监控系统网络安全防护架构

电力监控系统网络安全防护的总体策略为"安全分区、网络专用、横向隔离、纵向认证"。

1. 安全分区

电力监控系统应划分为生产控制大区和管理信息大区。生产控制大区可以分为控制区（安全区Ⅰ）和非控制区（安全区Ⅱ）；管理信息大区内部在不影响生产控制大区安全的前提下，可以根据各企业不同安全要求划分安全区；根据应用系统实际情况，在满足总体安全要求的前提下，可以简化安全区的设置，但是应避免形成不同安全区的纵向交叉联接。

生产控制大区的业务系统是在与其终端的纵向联接中使用无线通信网、电力企业其他数据网（非电力调度数据网）或者外部公用数据网的虚拟专用网络方式（VPN）等进行通信的，应设立安全接入区。

各区域安全边界应采取必要的安全防护措施，禁止任何穿越生产控制大区和管理信息大区之间边界的通用网络服务（如 FTP、HTTP、TELNET、MAIL、RLOGIN、SNMP 等）。

2. 网络专用

电力监控系统的生产控制大区应在专用通道上使用独立的网络设备组网，采用基于SDH 不同通道、不同光波长、不同纤芯等方式，在物理层面上实现与其他通信网及外部公用网络的安全隔离。

生产控制大区通信网络宜进一步划分为逻辑隔离的实时子网和非实时子网，可以采用 MPLS - VPN、安全隧道、PVC、静态路由等技术构造子网。

3. 横向隔离

在生产控制大区与管理信息大区之间必须设置经国家指定部门检测认证的电力专用横向单向安全隔离装置，隔离强度应接近或达到物理隔离，只允许单向数据传输，禁止HTTP、TELNET 等双向的通用网络安全服务通信；生产控制大区内部的安全区之间应采用具有访问控制功能的设备、防火墙或者相当功能的设施，实现逻辑隔离。

生产控制大区到管理信息大区的数据传输采用正向安全隔离设施，仅允许单向数据传输；管理信息大区到生产控制大区的数据传输采用反向安全隔离设施，仅允许单向数据传输，并采取基于非对称密钥技术的签名验证、内容过滤、有效性检查等安全措施。

安全接入区与生产控制大区中其他部分的联接处必须设置经国家指定部门检测认证的电力专用横向单向安全隔离装置。

4. 纵向认证

在生产控制大区与广域网的纵向联接处应设置经过国家指定部门检测认证的电力专用纵向加密认证装置或者加密认证网关及相应设施。

应严格限制拨号功能的使用，确需使用的应采用拨号认证设施，并部署经国家权威部门检测认证的安全拨号设备；远程拨号访问生产控制大区，应使用安全加固的操作系统，应采用数字证书进行登录认证和访问认证。

电力监控系统网络安全防护可从安全防护技术、应急备用措施、全面安全管理三个维度进行描述，三个维度相互支撑、相互融合、动态关联，并不断发展进化，形成动态的三维立体架构，如图 3 - 1 所示。

其中，安全防护技术维度主要包括基础设施安全、体系结构安全、系统本体安全、可信安全免疫等；应急备用措施维度主要包括冗余备用、应急响应、多道防线等；全面安全管理维度主要包括全体人员安全管理、全部设备安全管理、全生命周期安全管理、融入安全生产管理体系。

网络安全防护体系应融入电力监控系统的规划设计、研究开发、施工建设、安装调试、系统改造、运行管理、退役报废等各个阶段，且应随着计算机技术、网络通信技术、安全防护技术、电力控制技术的发展而不断发展完善。

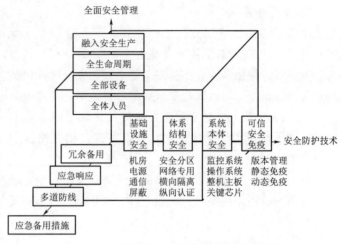

图 3-1　电力监控系统网络安全防护体系架构

## 3.2.3　电力信息系统网络安全防护架构

电力信息系统主要部署在管理信息大区，典型业务系统包括规划计划、人财物资源管理、调度管理、生产检修、电力营销、电力基建、电力交易、综合能源服务、协同办公、企业门户、企业邮件等。基于互联网出口防护、逻辑强隔离和单向隔离等措施，建成以"三道防线"为核心的纵深防御体系，并逐步向主动防御、智能防御演进。安全技术措施涵盖网架边界、资产本体和数据应用等方面，持续深化网络安全防护技术应用，加快推进新业务新技术安全防护研究。总体防护架构如图 3-2 所示。

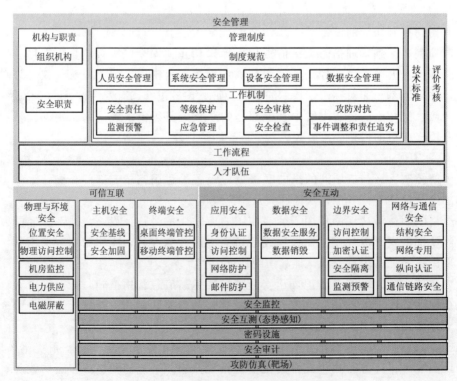

图 3-2　电力信息系统网络安全防护架构

管理信息大区根据等级保护要求分别划分为二级域和三级域，从物理和环境安全、网络和通信安全、设备和计算安全、应用和数据安全等方面，采用监测审计、可信计算、身份鉴别、访问控制、入侵检测、数据脱敏、安全加固等技术，夯实安全监测预警、密码基础设施、安全管控、安全审计、仿真验证环境等网络安全基础设施建设，全面提升网络安全防护能力。

## 3.3 安全技术措施

### 3.3.1 电力监控系统安全技术措施

1. 基础设施安全

电力监控系统机房和生产场地应选择在具有防震、防风和防雨等能力的建筑内，应采取有效防水、防潮、防火、防静电、防雷击、防盗窃、防破坏措施；机房场地应避免设在建筑物的高层或地下室，以及用水设备的下层或隔壁。

应在机房供电线路上配置稳压器和过电压防护设备，设置冗余或并行的电力电缆线路为计算机系统供电，应建立备用供电系统，提供短期的备用电力供应，至少满足设备在断电情况下的正常运行要求；生产控制大区机房与管理信息大区机房应独立设置，应安排专人值守并配置电子门禁系统及具备存储功能的视频、环境监控系统，以加强物理访问控制，应对生产控制大区关键区域或关键设备实施电磁屏蔽。

生产控制大区所有的密码基础设施，包括对称密码、非对称密码、摘要算法、调度数字证书和安全标签等，应符合国家有关规定，并通过国家有关机构的检测认证。

2. 体系结构安全

结构安全是电力监控系统网络安全防护体系的基础框架，也是所有其他安全防护措施的重要基础。电力监控系统结构安全总体框架示意图如图3-3所示。

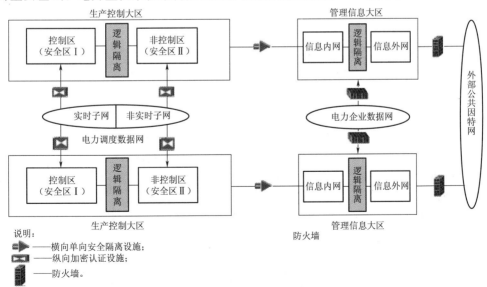

图 3-3  电力监控系统结构安全总体框架示意图

（1）数字证书和安全标签。依照电力调度管理体制建立基于公钥技术的分布式电力调度数字证书及安全标签，生产控制大区中的重要业务系统应采用加密认证机制。

（2）防火墙和入侵检测。生产控制大区内不同系统间应采用逻辑隔离措施，实现逻辑隔离、报文过滤、访问控制等功能。生产控制大区可部署入侵检测措施，合理设置检测规则，及时捕获网络异常行为，分析潜在威胁，进行安全审计，宜保持特征码及时更新，特征码更新前应进行充分的测试，禁止直接通过因特网在线更新。

（3）防病毒和木马。生产控制大区应部署恶意代码防范措施，宜保持特征码以离线方式及时更新。特征码更新前应进行充分的测试，更新过程应严格遵循相关安全管理规定，禁止直接通过因特网在线更新。

（4）拨号认证设施。拨号认证设施主要用于必要的远程维护，该设施平时应断电关机，需要时临时开机，仅允许单用户登录并严格监管审计，用完应及时关机。拨号认证设施，如远程访问服务器（RAS），应使用安全加固的操作系统，采用数字证书进行登录认证和访问认证，并通过国家有关机构安全检测认证。

3. 监控系统本体安全

（1）电力监控系统软件安全。电力监控系统中的控制软件，在部署前应通过国家有关机构的安全检测认证和代码安全审计，防范恶意软件或恶意代码的植入。

电力监控系统软件应在设计时融入安全防护理念和措施，业务系统软件应采用模块化总体设计，合理划分各业务模块，并部署于相应安全区，重点保障实时闭环控制核心模块安全。

调度控制系统可通过内部专用设施进行维护，采用身份认证和安全审计实施全程监控，保障维护行为可追溯。变电站和发电厂监控系统可通过远程拨号认证设施进行远程维护。严格禁止直接通过因特网进行生产控制大区的远程维护。

（2）操作系统和基础软件的安全。重要电力监控系统中的操作系统、数据库、中间件等基础软件应通过国家有关机构的安全检测认证，防范基础软件存在恶意后门。

生产控制大区业务系统应采用满足安全可靠要求的操作系统、数据库、中间件等基础软件，使用时应合理配置、启用安全策略；操作系统和基础软件应仅安装运行需要的组件和应用程序，并及时升级安全补丁，补丁更新前应进行充分的测试，禁止直接通过因特网在线更新。

（3）计算机和网络及监控设备的安全。电力监控系统中的计算机和网络设备，以及电力自动化设备、继电保护设备、安全稳定控制设备、智能电子设备（IED）、测控设备等，应通过国家有关机构的安全检测认证，防范设备主板存在恶意芯片。

生产控制大区应采用符合国家相关要求的计算机和网络设备，使用时应合理配置、启用安全策略；应封闭网络设备和计算机设备的空闲网络端口和其他无用端口，拆除或封闭不必要的移动存储设备接口（包括光驱、USB接口等），仅保留调度数字证书所需要的 USB 端口。

（4）核心处理器芯片的安全。重要电力监控系统中的核心处理器芯片应通过国家有关机构的安全检测认证，防范芯片存在恶意指令或模块。

重要电力监控系统应采用符合国家相关要求的处理器芯片，采用安全可靠的密码算法、真随机数发生器、存储器加密、总线传输加密等措施进行安全防护。

4. 可信安全免疫

（1）强制版本管理。重要电力监控系统关键控制软件应采用基于可信计算的强制版本管理措施，操作系统和监控软件的全部可执行代码，在开发或升级后应由生产厂商采用数字证书对其签名并送检，通过检测的控制软件程序应由检测机构用其数字证书对其签名，生产控制大区应禁止未包含生产厂商和检测机构签名版本的可执行代码启动运行。

（2）静态安全免疫。重要电力监控系统应采用基于可信计算的静态安全启动机制。服务器加电至操作系统启动前对 BIOS、操作系统引导程序以及系统内核执行静态度量，业务应用、动态库、系统内核模块在启动时应对其执行静态度量，确保被度量对象未被篡改且不存在未知代码，未经度量的对象应无法启动或执行。

（3）动态安全免疫。重要电力监控系统应采用基于可信计算的动态安全防护机制，对系统进程、数据、代码段进行动态度量，不同进程之间不应存在未经许可的相互调用，禁止向内存代码段与数据段直接注入代码的执行；重要电力监控系统应对业务网络进行动态度量，业务连接请求与接收端的主机设备应可以向对端证明当前本机身份和状态的可信性，不应在无法证明任意一端身份和状态可信的情况下建立业务连接。

## 3.3.2　电力信息系统安全技术措施

电力信息系统安全技术措施重点保护网架边界、资产本体和数据应用安全。

1. 网架边界安全技术措施

在管理信息大区与互联网边界、管理信息大区与无线网络接入边界部署信息网络安全隔离装置，通过封装不同应用层协议，实现应用层协议隔离和过滤。

在管理信息大区与无线网络接入边界、互联网出口等部署安全接入网关，具备身份认证、访问控制、密钥协商与分发、传输通道加密、应用层报文安全过滤等功能，实现对无线终端和移动应用访问等多种业务的安全接入管控。

在互联网出口、等级保护二级域与三级域横向边界、管理信息大区企业总部与下属单位间纵向边界等部署防火墙、未知威胁检测，通过配置安全策略，实现不同颗粒度的内部资源访问控制，结合内、外部威胁情报，实现对特定威胁、未知威胁、恶意代码、隐秘通道、嵌套攻击等进行深度识别和定位。

在互联网出口部署入侵检测/防御系统、网络流量解析、抗 DDoS 攻击、WAF、敏感信息监测、网站统一安全防护系统等，通过流量解析，对数据包进行拆解、分析、重组和统计，基于规则或特征检测等技术，监测数据流量中违背安全策略或危及系统安全运行的行为或活动，分析用户行为及潜在威胁，对异常行为进行告警或直接阻断；对来自 Web 应用程序客户端的各类请求进行内容检测和验证，定期更新特征库，强化针对应用的入侵检测和攻击溯源能力；通过对敏感信息关键字或标识的匹配，实现对敏感信息的识别；为外网网站提供操作系统加固、访问控制、漏洞防护、网络防篡改、敏感词过滤、抗 DDoS、防挂马等全方位的安全防护，实现对外网网站的统一安全防护。

在企业管理信息大区应用服务端侧、核心交换机、办公终端等处均部署有终端准入控制系统或组件，结合准入申请、入网审批、入网实施、监控审计及违规断网等管理措施，基于网络流量自动发现在线终端，识别终端类型、操作系统等，实现对直接接入办公区、营业厅、变电站等区域的计算机、打印机、自助缴费终端、变电站辅助系统等各专业有线终端的入网发现、识别认证、监测处置等准入全过程管控能力，防止终端违规接入、仿冒入侵、未授权访问。

2. 资产本体安全技术措施

在服务器、桌面终端、移动作业终端等部署防病毒软件，对于常规的病毒、蠕虫、木马等恶意代码，进行删除处理；对于特种病毒，通过推送专杀工具的方式进行专项处理。

在企业总部和省级单位管理信息大区，部署桌面终端管理系统、安全基线监测系统，对桌面终端、云桌面安全状况、系统资源占用等运行情况进行监测及管控，实现身份认证、访问控制、安全审计、终端信息保护、配置管理、异常管理等功能；基于企业内部相关要求监测网络设备、防火墙等关键配置合规情况。

在主机、各类物联网设备等部署安全免疫、安全加固组件，基于可信计算技术，动态评估设备安全可信状态，形成对病毒木马等恶意代码的自动免疫；重点针对操作系统进行内核加固、登录防护、权限控制、漏洞防护、后台防护、敏感词过滤等安全防护。在重要服务器部署主机入侵检测防范系统，实现对入侵行为检测，记录入侵信息并提供报警能力。

企业总部及省级单位管理信息大区密码基础设施采用电磁屏蔽机柜，防范电磁信息泄露和防止外部强电磁骚扰影响计算机正常工作。

3. 数据应用安全技术措施

在企业总部和省级单位管理信息大区部署数据脱敏系统、数据防泄露系统，支持动态脱敏和静态脱敏，通过不可逆替换、掩码、截断、随机化等脱敏规则对敏感信息进行数据变形，实现敏感隐私数据的可靠保护；通过身份认证、文档流程审批、水印、反截屏、日志审计等措施，对核心文档自动加密，对外发文档进行细粒度权限管理，阻止和取证数据泄露行为。

在企业总部管理信息大区部署邮件安全网关，为邮件系统提供防钓鱼、防窃密、防病毒、反垃圾、内容过滤、安全审计等安全防护。

在互联网出口部署数据安全网关，对数据进行智能分析，通过配置安全策略自动进行访问控制和数据加/解密处理，并详细记录访问日志，防范数据非授权访问。

对硬盘、闪存等存储设备中的数据，采用数据清除工具，根据需要进行彻底清除并使之无法恢复。

对于自主开发应用系统，遵循等级保护相关要求进行防护，根据安全等级采用身份认证、访问控制、安全审计、数据加密等防护措施，自主开发的安全功能模块，确保业务逻辑安全，应用软件和中间件安全，以及系统之间接口交互安全、交互过程的数据安全。

4. 网络安全基础设施

在企业总部管理信息大区建设密码基础设施，由对称密码管理系统、数字证书管理系统、统一密码服务平台和测评环境等构成，其自身安全应通过国家密码管理部门安全性审查，为企业内外网应用统一提供密钥/证书签发、身份认证、签验、加解密服务及统一监控等，全面支撑各类业务系统应用，保障主站、通道、终端各环节的网络安全。

在企业总部和省级单位管理信息大区建设安全监测预警平台，作为企业安全态势感知、数据分析及安全运营平台，实现对管理信息大区网络设备、安全设施、业务应用、主机、终端的统一安全监测。基于对安全日志的全量采集和范式化，开展统一大数据分析处理与场景威胁建模，实现对安全日志实时分析和攻击行为告警深度关联分析，全面监测公司各类外部安全威胁和内部脆弱性，并实现公司与省两级联动的情报共享、预警处置、风险研判。

## 3.4 安全应急措施

### 3.4.1 冗余备用

地市及以上调度控制中心应实现数据采集、系统功能、业务职能等三方面冗余备用，形成调度职能、场所和人员的备用调度体系。

发电厂和变电站应实现数据备份及关键设备的冗余备用。

### 3.4.2 应急响应

电力系统应制定应急处理预案并进行预演或模拟验证；当生产控制大区出现安全事件，尤其是遭到黑客、恶意代码攻击和其他人为破坏时，应按应急处理预案，立即采取安全应急措施，通报上级业务主管部门和安全主管部门，必要时可断开生产控制大区与管理信息区之间的横向边界连接，在紧急情况下可协调断开生产控制大区与下级或上级控制系统之间的纵向边界连接，以防止事态扩大，同时注意保护现场，以便进行调查取证和分析。

### 3.4.3 多道防线

电力系统应构建面向外部公共因特网、管理信息大区、生产控制大区的横向多道防线，如图3-4所示，各防线分别采用相应安全措施，一旦发生安全事件，能实时检测、快速响应、及时处置，实现各防线协同防御。

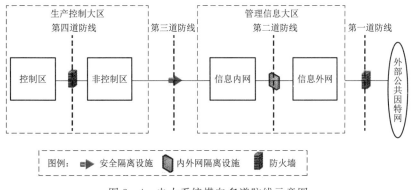

图3-4 电力系统横向多道防线示意图

电力系统应构建上下级生产控制大区之间、上下级管理信息大区之间的纵向安全防线，各防线分别采用相应安全措施。

## 3.5 安全管理措施

### 3.5.1 全设备安全管理

落实国家相关要求，强化网络设备、主机、存储设备、网络安全设备、终端（含移动设备）等在采购、运行等环节安全。加大自主研发产品应用，具备条件的设备优先选用安全可控处理器芯片，强化自主可控计算机、网络设备、操作系统、数据库等基础软硬件在电力监控系统中的应用。网络关键设备和网络安全专用产品应当符合相关国家标准的强制性要求，由具备资格的机构安全认证合格或者安全检测符合要求后，方可采购和使用，并做好重要设备台账管理。加强设备信息安全和保密管理，对设备安全状态进行实时监测。对已投运设备进行安装、调试、配置变更、升级等操作时，严格按照公司安全事故调查规程执行，并进行常态安全巡检，定期进行安全配置检查和安全漏洞扫描，及时发现整改相关问题。

### 3.5.2 全周期安全管理

严格落实网络安全"三同步"与等级保护要求，将系统安全管理纳入日常安全生产管理体系，强化重要系统的安全性评估，贯穿系统规划、建设、运行全周期安全管理。电力监控系统应满足电力监控系统安全防护规定，关键设备及模块符合自主可控和标准化配置管理的系统本体安全要求。同时配合行业监管部门开展公司关键信息基础设施的识别认定，对纳入关键信息基础设施保护范围的系统应采取重点保护措施。信息通信管理部门负责管理信息系统的安全管理，调控机构负责电力监控系统的安全管理，业务部门依据公司网络安全总体策略，结合本专业网络与信息系统实际情况，落实系统安全防护要求。

### 3.5.3 全人员安全管理

把增强全员网络安全意识作为基础工作，切实提升公司全体员工的网络安全意识和素质。各单位加强对全员的网络安全宣传与教育，将网络安全纳入员工入职培训等各类培训中；与全体员工签订网络安全承诺书，明确网络安全及保密的内容和职责；进一步加强全员日常行为管理，严格桌面终端、存储介质、文件资料等信息资产的管理，严禁私自开通互联网出口，严禁内外网交叉混用，严禁私自搭建无线热点，严禁未经授权设备接入。

设立电力系统安全管理工作的职能部门，由企业负责人作为主要责任人，设立首席安全官。设立安全主管、安全管理等方面负责人岗位，配备安全管理员、系统管理员和安全审计员，明确各岗位职责，并指定专人负责数字证书系统等关键系统及设备的管理。加强对电力系统安全防护管理、运行维护、使用等全体人员的安全培训教育，提高全员安全意识。

## 3.6  电力系统网络安全测评

### 3.6.1  简介

系统测评是检测和评价一个系统安全保护能力是否达到对应保护等级要求的重要环节，系统测评可分为单元测评和整体测评。单元测评对安全技术和安全管理上各个层面的安全控制点提出不同安全保护等级的测评要求；整体测评根据安全控制点间、层面间和区域间相互关联关系以及电力业务系统整体结构对电力业务系统整体安全保护能力的影响提出测评要求。

对于电力企业，通过安全测评可以及时发现信息系统安全状况并制订方案进行整改，可有效提高企业信息及信息系统安全建设的整体水平，有效控制企业信息安全建设成本，有利于明确国家、法人和其他组织、公民的信息安全责任，加强企业信息安全管理。当信息系统完全达到安全保护能力要求时，信息系统基本可做到"进不来、拿不走、改不了、看不懂、跑不了、可审计、打不垮"，具体包括以下内容：

（1）保障基础设施安全。保障网络周边环境和物理特性引起的网络设备和线路的持续使用。

（2）保障网络连接安全。保障网络传输中的安全，尤其保障网络边界和外部接入中的安全。

（3）保障计算环境的安全。保障操作系统、数据库、服务器、用户终端及相关商用产品的安全。

（4）保障应用系统安全。保障应用程序层对网络信息的保密性、完整性和信源的真实的保护和鉴别，防止和抵御各种安全威胁和攻击手段，在一定程度上弥补和完善现有操作系统和网络信息系统的安全风险。

（5）保障数据安全及备份恢复。保障数据完整性、数据保密性、备份和恢复等。

（6）安全管理体系保障。根据国家有关信息安全等级保护方面的标准和规范要求，建立一套切实可行的安全管理体系，加强安全管理机制。

依据相关国家及行业标准，并结合电力系统的基本特点，针对系统中的单项安全措施和多项措施的综合防范，提出单元测评和整体测评的技术要求，用以指导测评人员从信息安全等级保护的角度对电力系统进行测试和评估。

### 3.6.2  测评原则

（1）客观性和公正性原则。测评工作虽然不能完全摆脱个人主张或判断，但测评人员应当在没有偏见和最小主观判断情形下，按照测评双方相互认可的测评方案，基于明确定义的测评方法和过程，实施测评活动。

（2）经济性和可重用性原则。基于测评成本和工作复杂性的考虑，鼓励测评工作重用以前的测评结果，包括商业安全产品测评结果和电力业务系统先前的安全测评结果所有重用的结果，都应基于这些结果还能适用于目前的系统，能反映目前系统的安全状态。

（3）可重复性和可再现性原则。无论谁执行测评，依照同样的要求，使用同样的方法，对每个测评实施过程的重复执行都应该得到同样的测评结果。可再现性体现在不同测评者执行相同测评的结果的一致可重复性，体现在同一测评者重复执行相同测评的结果的一致性。

（4）符合性原则。测评所产生的结果应当是在对测评指标的正确理解下所取得的良好的判断。测评实施过程应当使用正确的方法，以确保其满足了测评指标的要求。

### 3.6.3　测评内容

电力业务系统安全等级测评主要包括单元测评和整体测评两部分。

单元测评是等级测评工作的基本活动，描述测评过程中使用的具体测评方法、涉及的测评对象和具体测评取证过程的要求，整体测评是在单元测评的基础上，通过进一步分析电力业务系统的整体安全性，对电力业务系统实施的综合安全测评。整体测评主要包括安全控制点间、层面间和区域间相互作用的安全测评以及系统结构的安全测评等。整体测评需要与电力业务系统的实际情况相结合，因此全面地给出整体测评要求的全部内容、具体实施过程和明确的结果判定方法是非常困难的，测评人员应根据被测系统的实际情况，实施整体测评。

### 3.6.4　测评方法

测评方法是指测评人员在测评实施过程中所使用的方法，主要包括访谈、检查和测试三种测评方法。访谈是指测评人员通过引导电力业务系统相关人员进行有目的的（有针对性的）交流以帮助测评人员理解、分析或取得证据的过程。检查是指测评人员通过对测评对象（如管理制度、操作记录、安全配置等）进行观察、查验、分析，以帮助测评人员理解、分析或取得证据的过程。测试是指测评人员使用预定的方法/工具使测评对象产生特定的行为，通过查看和分析结果以帮助测评人员获取证据的过程。

测评对象是指测评实施的对象，即测评过程中涉及的电力业务系统的相关人员、制度文档、各类设备及其安全配置等。

### 3.6.5　测评力度

测评力度是在测评过程中实施测评工作的力度，反映测评的广度和深度，体现为测评工作的实际投入程度。测评广度越大，测评实施的范围越大，测评实施包含的测评对象就越多；测评深度越深，越需要在细节上展开，测评就越严格，因此就越需要更多的投入。投入越多，测评力度就越强，测评就越有保证。测评的广度和深度落实到访谈、检查和测试三种不同的测评方法上，能体现出测评实施过程中访谈、检查和测试人员的技术程度的不同。

网络安全等级保护要求不同安全保护等级的电力业务系统应具有不同的安全保护能力，满足相应等级的保护要求。为了检验不同安全保护等级的电力业务系统是否具有相应等级的安全保护能力，是否满足相应等级的保护要求，需要实施与其安全保护等级相适应的测评，付出相应的工作投入，达到应有的测评力度。第一级到第三级电力业务系统的测评力度反映在访谈、检查和测试三种基本测评方法的测评广度和深度上，落实在不同单元测评中具体的测评实施上。

### 3.6.6　结果重用

在电力业务系统中，有些安全控制可以不依赖于其所在的地点便可测评，即在其部署到运行环境之前便可以接受安全测评。一些商用安全产品的测评就属于这种安全测评。

如果一个电力业务系统部署和安装在多个地点，且系统具有一组共同的软件、硬件、固件等组成部分，则这些安全控制的测评可以集中在一个集成测试环境中实施。如果没有这种环境，则可以在其中一个预定的运行地点实施，在其他运行地点的安全测评便可重用此测评结果。

在电力业务系统所有安全控制中，有一些安全控制与它所处的运行环境紧密相关（如与人员或物理有关的某些安全控制），对其测评必须在分发到相应运行环境中才能进行。如果多个电力业务系统处在地域临近的封闭场地内，系统所属的机构在同一个领导层管理之下，对这些安全控制在多个电力业务系统中进行重复测评，对有效资源是一种浪费。因此，可以在一个选定的电力业务系统中进行测评，其他相关电力业务系统可以直接重用这些测评结果。

### 3.6.7　使用方法

针对每一个安全控制点的测评就构成一个单元测评，单元测评中的每一个具体测评实施要求项（以下简称"测评要求项"）是与安全控制点下面所包括的要求项（测评指标）相对应的。在对每一要求项进行测评时，可能用到访谈、检查和测试三种测试方法，也可能用到其中的一种或两种。为了描述简洁，在测评要求项中，没有针对每一个要求项分别进行描述，而是对具有相同测评方法的多个要求项进行了合并描述，但测评实施的内容覆盖了第3章中所有要求项的测评要求。在使用时，应当从单元测评的测评实施中抽取出每一个要求项的测评要求，并按照这些测评要求制定测评指导书，以规范和指导安全等级测评活动。

在测评过程中，测评人员应注意对测评记录和证据的采集、处理、存储和销毁，保护其在测评期间免遭破坏、更改或遗失，并保守秘密。测评的最终输出是测评报告，给出等级测评结论。

## 3.7　电力系统漏洞挖掘与分析

漏洞挖掘技术又叫做软件安全性测试技术，根据划分标准不同有不同的分类。根据分析对象的不同，可分为基于源代码的漏洞挖掘和基于可执行程序的漏洞挖掘；根据分析时对源代码的依赖性的不同，可分为白盒测试、黑盒测试和灰盒测试；根据挖掘过程是否需要运行目标程序，可分为静态分析和动态分析。各种分类相互有交叉重叠，只运用一种漏洞挖掘技术是很难完成工作的，一般是将几种漏洞挖掘技术优化组合，寻求效率和质量的均衡。

### 3.7.1 常用的漏洞挖掘方法

**1. 白盒测试**

白盒测试又称结构测试、逻辑驱动测试、透明盒测试或基于程序本身的测试。是从程序设计者的角度对程序进行的测试。按照程序内部的结构，通过测试来检测程序中的内部动作是否按照设计要求正常进行，检验程序每条路径是否按要求工作。待测目标被当做一个"透明"的盒子，关于程序的包括源代码、设计说明文档等信息都是已知的，测试人员依据程序的相关说明，对内部细节进行严密检验，针对特定的条件设计测试用例，然后运行测试用例，得到测试结果。白盒测试使用到的方法主要有代码检查法、静态质量度量法、静态结构分析法、逻辑覆盖法、基本路径测试法、域测试、符号测试、路径覆盖和程序变异。因为白盒测试基于源代码的，所以基于这个优势利用测试方法要保证测试用例能使每一个独立的模块所有的路径都能至少执行一次，遇到所有的逻辑值都要测试真假（TRUE/FALSE）值，以及在允许的范围内运行程序中所有的循环。

白盒测试具有明显的优缺点：

（1）优点。程序在测试人员面前是完全可见，可从程序内部做到比较彻底的测试。在白盒测试的过程中无论是通过源代码的审计或者通过测试工具都可以使测试人员仔细思考程序的具体实现上面的缺陷。白盒测试可以检测代码中的每条分支路径，覆盖率较高。

（2）缺点。白盒测试只能针对一些开源软件，尽管许多 UNIX 项目是开放源代码的，但对于目前在主流的 win32 平台使用的大多数应用以及一些商业软件是不可能让测试人员拥有源代码的，如果不能访问源代码，那么白盒测试就只能作为一个测试选项。随着应用越做越复杂，程序的代码量也越来越大，针对代码量较大的程序做白盒测试无论是从代码审计的角度还是从测试用例的编写角度都是个很耗时的工作，即便是使用测试工具，又因为其有较高的误报率，在提高了一些效率的同时也带来了很多不便。

**2. 污点分析**

基于污点传播（taint propagation）的污点分析方法主要是将一切程序的外部输入都认为是不信任的，并对不信任的数据做污染标记（tained），这些数据在程序的传播过程中，如果经过了严格的，可以信赖的安全验证的话，就认为其不再是污染的，去掉污染标记，没有被污染的数据在传播过程中通过计算或其他操作新生成的数据也会被标记为污染的属性，这样一旦有污染的数据被送到执行代码中去执行时，就被视为有安全漏洞。污点传播流程如图 3-5 所示。

通过图 3-5 可发现污点的传播大致有三个阶段：①对不可信数据进行污点标记；②污点数据传播"污点"；③判定污点数据的非法使用。通过事先对不信任的输入数据

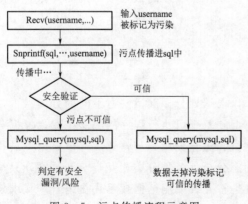

图 3-5　污点传播流程示意图

做污染标记，在程序运行过程中跟踪并记录被标记数据的传播路径。用这种防范可以检测到敏感数据（如图3-5中的字符串参数"username"）在传播过程中把"污染"传播给了谁（如图3-5中"username"将"污染"通过"Snprintf"传播给了"sql"），指导污点数据被谁（如图3-5中的"Mysql_query"）给执行了。

目前污点分析分为静态污点分析和动态污点分析两类。静态污点分析从源代码中抽取语法、语义特征，记录数据流向，判定污染数据的产生、传播和执行，其涉及数据流和控制流等多个方面，不需要执行程序。静态分析将传播过程的分析嵌入到类型分析中、通过编译器的类型分析在类型推断和类型限定中完成污染属性传播的功能，以此达到挖掘漏洞的目的。因此将很多工作交给编译器来完成，其分析过程比较复杂。动态分析在程序执行的过程中，通过跟踪变量、存储器、寄存器的值，并根据执行路径跟踪污染数据的传播，对污染数据做安全验证以此达到挖掘潜在安全漏洞的目的，但也因为一旦初始时需要标记的污染数据太多额外的检测操作就会对程序的性能有非常大的影响。

3. 黑盒测试

黑盒测试是站在用户的角度进行的测试，又称功能测试、数据驱动测试或基于规格说明的测试。黑盒测试意味着测试人员只能了解外部观察到的东西，可以控制系统的输入，从黑盒子的一端提供输入，从盒子的另一端观察输出结果，但是并不需要知道被测试的目标系统的内部工作细节。根据用户的规格说明，以及针对命令、消息，用户界面以及体现他们的输入数据与输出数据之间的对应关系，特别是针对功能进行的测试。测试人员不需要了解程序的内部情况，只知道程序的输入、输出和系统功能。测试人员针对系统应该有的功能，按照规范、规格或要求设计测试用例，选择有效或无效的输入来验证系统是否给出正确的输出。

相对于白盒测试，黑盒测试不用依赖源代码，因此几乎可以测试所有的程序，而且即使在有源代码的情况下，黑盒测试也可以作为白盒测试中遗漏掉的接口或功能的一种补充。由于不依赖源码，可以从程序的外部考虑构造很多的随机测试数据，较之白盒测试其可以探查系统的更多方面。但因其不了解程序的内部结构和内部逻辑，很显然黑盒测试达不到较高的代码覆盖率，使得代码不能得到充分的测试。测试用例的编写不能像白盒测试那样有针对性，所以很多随机的黑盒测试用例由于不符合系统输入规范，很有可能被拦在程序的表层外，根部不能进入系统内部，因此不利于测试有较深层逻辑的漏洞。黑盒测试最适用于那种由一个单独的输入引起的安全漏洞的情况，但是复杂的攻击都是需要多个攻击向量或者输入，其中一些攻击向量将程序置于一种脆弱状态，再由其他的攻击向量攻击出发漏洞，此类攻击需要深刻理解程序的底层逻辑，黑盒测试无法做到这些。

4. 灰盒测试

灰盒测试介于白盒测试和黑盒测试之间，将黑白盒两种测试结合在一起，构成一种无缝的测试结束，以程序的主要性能和主要功能为测试数据，测试方法主要根据程序的流程图、功能说明书以及测试人员的实践经验来设计。从软件工程的角度和软件调试的角度对灰盒测试有不同的看法：

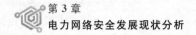

（1）软件工程的角度。

灰盒测试主要用户多模块构成的复杂的软件系统，通常在集成测试前期进行。其重点关注软件系统内部各个模块、组件的边界以及相互之间的关系，比如模块之间的调用、数据传递、同步/互斥等。

与白盒测试相比，灰盒测试无须关心模块内部的具体细节，对于系统内部模块，灰盒测试仍然把其当成黑盒看待，对系统的整体把握比白盒测试好，效率也要更高。

与黑盒测试相比，除了要关心软件系统的边界，还需要关心内部各模块之间的协作交互。黑盒测试必须在系统完成之后开始，而灰盒测试可以通过测试各模块之间的互动更早地介入测试。进行灰盒测试，在了解边界之间的关系的同时也对整体系统有一个宏观的认识，因此能更加关注系统的程序逻辑或业务逻辑，发现结构方面的缺陷，另外灰盒测试的测试用例也比黑盒测试更具有针对性、更细致。

（2）软件调试的角度。

从软件调试的角度就是指运用逆向工程（reverse engineering），通过静态分析或动态调试，在只有可执行程序的境况下，将二进制反汇编成汇编代码，在汇编代码的分析结果的基础上进行灰盒测试。通过底层的汇编语言要整理出系统各模块之间关系，各个模块所具有的大致功能，关键数据在模块之间的流动，在可以进行测试的位置根据逆向工程分析结果构造测试数据。这种方法对测试人员的专业技能要求很高，而且比较耗时。

5. 模糊测试

模糊测试（Fuzzing）是一种通过向系统提供非预期的输入并监视异常结果来发现软件故障的方法。这里的"模糊"主要是指需要反复操作目标软件并为其提供各种处理数据，而且该过程是个典型的自动或者半自动过程。在模糊测试中，通过完全随机的或精心构造的数据去攻击一个程序，等待程序产生异常。其核心思想在于不符合逻辑，将尽可能多的杂乱的数据投入程序中。模糊测试看似是一种简单的技术，但是却能揭示程序中重要的 bug。

目前模糊测试的技术有两类：

（1）dumb fuzzing：这种方法完全体现了随机的特性，无须了解要测试的协议或者文件格式本身，只需要提供随机输入数据并不断改变相关数据作为样本去测试。也因为太过于随机，会产生大量的无效的样本，效率比较低。

（2）interlligent fuzzing：比较有针对性的做法，需要在研究目标协议或文件格式本身的基础上，有的放矢地构造测试样本，能够强化感兴趣的部分的测试，效率较高，但是编写这样的工具比较耗时。

一个 Fuzzer（模糊测试工具）其核心部分就是模糊器，工具会根据模糊器中的规则在配置了相关参数后自动产生大量的模糊测试样本，模糊器的质量高低直接决定了测试样本中是否会产生大量的无效样本，无效样本太低就会降低测试效率。目前所有的模糊器都被分为 3 类：

1）基于随机的模糊器：基本上属于黑盒测试的范畴，采用完全随机的方法生成测试用例；

2）基于变异的模糊器：在给定了初始数据样本的前提下通过变异技术创建测试用例；

3）基于生成的模糊器：在对目标协议或文件格式研究的基础上建立模型，通过模型生成测试用例。

6. 符号执行

符号执行的概念是由 Sidney L. Hantler 和 James C. King 于 1976 年发表的《*An introduction to proving the correctness of Programs*》文章中提出的，是用来验证程序的正确性的一种方法，但是由于当时的计算机硬件能力的限制，并没有受到足够的重视。目前符号执行已经成为漏洞挖掘相关的学术界研究的热点。其主要思想是在将程序的输入全部符号化，通过分析代码的语义信息，模拟程序的执行来进行相关的分析。符号执行流程分为静态符号执行和动态符号执行，但是目前静态符号执行应用较少，所以一般称动态符号执行为符号执行。符号执行的大致流程如图 3 - 6 所示。

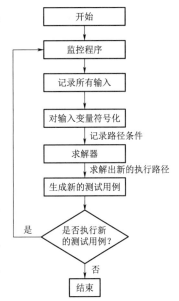

图 3 - 6　符号执行流程示意图

（1）在加载了目标测试程序后，符号执行对程序进行监控，记录所有的输入，包括读入的文件、用户键盘输入鼠标点击、网络数据流等。

（2）对输入的变量进行符号化，建立符号表。分析符号的传播过程，当遇到跳转语句时产生约束条件，记录整个程序执行完成后的约束条件序列，这些序列构成路径约束条件。路径约束条件中包含了本次程序的执行信息。当然在此过程中要实时的更新符号表。

（3）路径条件也是由符号表达式来表示，将路径条件作为输入交给求解器 SMT（satisfiability modulo theories，可满足性模问题是一阶逻辑与等价表达的背景理论组合逻辑公式的决策问题，通常用户计算机科学中的实数理论，整数理论，数据结构理论等，SMT 可以看做是约束满足问题），求解器按照路径搜索算法对路径约束条件进行计算，给出包含新的执行路径的测试用例。

（4）是否继续测试执行新的测试用例。

## 3.7.2　漏洞分析

漏洞分析所面临的情况大致分为两种：

对未知漏洞分析：比如在上文中提及的通过 Fuzzing 技术测试处目标软件产生了异常，这时就需要根据异常报告分析出异常的原因。

对已公开的漏洞的分析：当漏洞已经公布，如果能获得 POC（proof of concept），就能重现漏洞被触发的现场。这时可以通过调试逆向分析出漏洞的具体细节。如果不能获得 POC，就需要根据漏洞被公布的简单描述采用补丁比较的方式，比较被打了补丁的软件前后在哪些地方做了修改，随后通过反汇编工具详细分析被修改的地方，找出漏洞的原因。

　　漏洞分析具体实施起来主要有静态分析和动态分析两种方法，当然两种方法经常会综合交叉使用。这里只从相关具体的工程实践的角度出发简要介绍。

　　1. 静态分析

　　静态分析是指在不运行软件前提下进行的分析过程。在有源代码的情况下，进行白盒测试或者直接对源代码进行代码审计，能获得更多的语义信息，便于分析。在只有可执行程序的情况下也可以利用二进制分析工具（如反汇编工具 IDA Pro 等）进行分析。先分析程序的大体框架、函数间或模块间的依赖关系、结合正向编码经验和逆向分析能力以及获得 POC 或者漏洞的描述逐步缩小可能出问题的部分，针对重点部分重点分析。当然静态分析的情况下没法跟踪数据流的情况，一般定位了可疑部分后结合动态分析具体分析。如图 3-7 所示，IDA Pro 自动绘出程序的整体调用流程，分析出了调用关系后定位过滤出可能出现问题的部分后再具体分析。

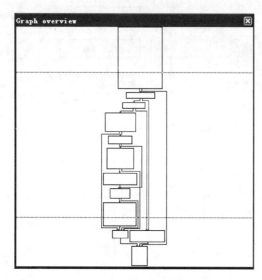

图 3-7　程序整体调用流程示意图

　　2. 动态分析

　　动态分析是指通过运行具体程序并获得程序的输入或者内部状态信息来分析漏洞的原因。动态分析主要是在程序运行时理解其具体的运行时行为，结合软件调试技术通过调试工具（Ollydbg、Immunity Inc、Windbg 等）运行程序，观察寄存器等的变化、关键内存的变动、栈中关键数据（如参数等）的变化找出漏洞触发点，最终根据触发点向前溯源分析引起漏洞触发的本质原因。整个过程需要人工分析，一些已成被研究的如栈溢出等很多漏洞已经有自动化的工具通过漏洞模型的匹配进行自动分析，但是针对目前的分析工作还是大部分需要人工参与。

## 3.8　电力网络安全发展的主要问题

### 3.8.1　网络安全对抗中的攻守双方之间不对称问题

　　现阶段电力企业网络安全对抗总体呈现易攻难守、敌暗我明的态势。一是攻防技术发展不对称。攻击手段不断演进，信息系统新漏洞层出不穷，当前基于先验知识的网络安全防护技术措施始终慢攻击技术一步。二是攻防成本不对称。攻击者只需找到整体安全防护体系下的任意可利用漏洞，发现"木桶短板"，进行单点突破即可实施攻击，而应对攻击的防御措施则需考虑任何可能出现的漏洞和威胁，做到万无一失。三是攻防时间、空间不对称。攻击在"暗",往往先发制人,同时借助伪装技术,干扰追踪溯源;防御在"明",以支撑和保障业务提供正常服务为主要目标,往往处于被动防守的地位。

## 3.8.2　高强度实战对抗和防御能力不平衡问题

国家持续加大对重要行业网络安全实战对抗能力的检验力度,组织互联网企业、安全企业中的精英黑客向电力企业发起网络攻击演练,电力企业防御能力不足的情况逐渐显现。一是电力企业网络攻防对抗能力不均衡。各单位在网络安全人、财、物等资源投入差距较大,自建系统安全管理水平参差不齐,未设立独立网络安全监测运营机构的单位应急响应缓慢,缺乏专业人员的单位仅依赖设备开展简单监测工作,地市、县企业尤为薄弱。二是网络安全专业岗位机制不健全。网络安全人员职业上升通道窄,攻击渗透等特殊人才引进困难,现有基层队伍兼职多、流失多、技不配岗,难以支撑"新基建"新业态下的网络安全整体工作水平提升。三是电力企业数字化资产管理力度未到底到边。资产安全漏洞发现和修补不及时,不知道哪些资产有漏洞,哪些漏洞要修补,哪些漏洞可修补。四是防御措施碎片化。防御时各自为战,协同不足,安全事件自动化和关联响应水平低,处置工作基本依赖人工方式,降低了应急处置的及时性和有效性。

## 3.8.3　信息技术快速更新和安全防护机制理念之间矛盾的问题

一是大云物移智链等新技术应用和工业互联网平台、综合能源服务平台等新型数字基础设施建设对网络安全提出更高要求。人员数量和专业技能亟待提高,但目前电力企业各单位的网络安全专业人员工作量饱和,培训不足,网络安全高精尖人才缺口日益凸显。二是工业互联网下的工控系统安全漏洞隐患进一步放大。保护装置、测控装置、站控软件等电力监控系统及设备,在入网安全测试中发现存在高中危漏洞。在运工控系统多为专用系统,漏洞修复困难,一旦上线难以停机或重启,对传统补丁升级方式造成阻碍。

## 3.8.4　安全意识不足与不断提升的安全要求之间的矛盾问题

国家和行业的网络安全要求正逐步严格和细化,但电力企业内仍存在部分人员网络安全意识不到位的问题。一是安全意识与安全形势发展不匹配。面对国内外日益严峻的网络安全形势,安全意识的宣贯和培训尚处于起步阶段,网络安全意识尚未和生产安全一样全员入心入脑,部分员工存在"只要部署安全设备就能保安全,安全防护是信息运维部门的事务"惯性思维,以通过安全防护方案评审、安全测试为目标,不重视梳理应用系统安全需求,未落实三同步要求,导致系统带病上线、整改困难,甚至有病而不自知。二是数据安全意识不足。数字化浪潮下如果只重视获取数据和使用数据,而不重视保护数据,数据责权不清,反而会制约数据的安全共享和融通应用。三是研发安全管控意识不够。当前应用系统研发安全责任界定不清,研发环境安全防护要求不明确,安全管控措施落实不到位,基于开源软件开发的安全系统和设备本身具有安全漏洞,系统代码外泄、上线版本和安全测试版本不一致等事件时有发生。

### 3.8.5 互联网业务快速发展与电力企业防护要求之间的矛盾问题

电力企业新能源云、网上电网、智慧车联网、能源大数据等互联网业务飞速发展，其业务特性和当前电力企业网络安全防护要求存在不适应。一是互联网业务快速迭代与信息系统全面安全测试要求间存在矛盾。互联网业务需求急、变更频繁，业务功能开发到上线周期短，也要求安全测试能快速响应，但系统引入大量第三方软件源代码，测试不全面又可能导致系统带病上线。二是以网络隔离为主的防护模式难以满足互联网业务发展的需求。传统边界安全防护架构与开放、互联、灵活交互的互联网业务应用需求具有天然不相适性，难以支撑好数字经济下的互联网业务发展。三是互联网业务运营阶段的业务安全隐患难以有效杜绝。互联网业务中的越权等业务逻辑漏洞危害较大，常引发恶意刷单、骗取补贴等安全事件，但现阶段缺乏全面有效的自动化发现和监测手段。

# 第 4 章
# 新技术新业务的安全发展

## 4.1 新技术安全

### 4.1.1 云安全

云安全概念的提出略晚于云计算概念，从 2009 年 CSA 联盟成立并发布《云安全指南1.0》，欧美即开始了云安全技术的探索，而国内相对要到 2012 年之后，随着云计算基础设置服务的发展才开始有最早的云安全技术探索。近年来云计算技术的爆发式发展，使得云已经成为几乎所有新技术、新场景落地的公共基础设施，相应地云安全也正在成为一个覆盖所有安全技术细分领域的综合场景。

欧美的云计算市场发展较早，公有云已占据了主导性地位，企业上云率高达 85％以上，AWS、微软等公有云服务提供商为几乎所有的企业提供了覆盖基础设施、计算、存储等多个领域的综合服务，Salesforce 等 SaaS 服务提供商则提供了一站式的业务场景解决方案；在此基础上，云服务渗透率是远高于国内的，相应地安全订阅服务也已经成为事实上的主流。根据 Forrester 数据，AWS、微软等云服务商所提供的订阅式原生安全服务，涵盖了云安全市场 70％的份额，主要围绕云安全防护、身份验证与授权、加密等多个领域，提供包括安全地使用共有云计算资源和灵活地保护客户业务应用的能力；此外，公有云服务商普遍重视安全生态建设，采取开放式 API 方式，鼓励云安全公司利用平台 API 来开发自己的安全产品，构建云上的 Market place，基于云安全责任共担模型为租户提供定制化的安全服务。在共有云广泛应用的基础上，欧美的云安全市场对于安全边界的管理更为灵活，衍生出了如 Google Beyond Crop 和 Beyond Prod 等基于零信任、以身份为中心的安全架构；CASB 等位于云服务提供商和消费云服务企业之间，帮助企业在云端实现安全策略的解决方案；以及如 Okta 这样专注于细分安全领域的 SaaS 安全服务提供商。总体来说，欧美的云安全技术在公有云环境的哺育下，更适应于云计算开放、灵活、无边界的特色，建立了以身份为中心、充分互联和广泛协作的开放式安全架构。

国内云安全技术的发展同样始于公有云市场的快速拓展，但云计算市场中，私有云和行业云的建设占据了极为重要的份额，使得云安全技术的发展也呈现出了明显两级化特点。阿里云、腾讯云等共有云服务提供商，均提供了类似于国外同行的云原生安全服务，并能够为其租户提供云场景下的身份管控、安全防护、入侵检测和审计类服务，以及云 SIEM 等安全服务运营平台，但其服务对象多数为价格敏感型的中小企业，更关注基础安全服务和合规底线的遵从，这使得基于云原生的增值安全服务发展较为缓慢。而政府和行业巨头，往往基于数据安全或行业特色业务场景的考虑，倾向于建设行业云或私有云来承载关键业务，其云安全防御体系的建设，多数采取了传统网络安全防御体系＋云原生技术体系混合部署的架构，以兼容其现有系统管理和安全防御体系。在典型的政务云、行业云和大型企业私有云建设中，各大安全企业均对其技术栈进行了更新，采取云安全资源池的方式，提供了如云监测、云防护、云审计、云服务、云 SIEM 等一系列面向云安全运营方和租户方的定制化、服务化安全解决方案。这些方案往往是传统安全架构基于云原生环境的调整和延续，随着近年来容器化、微服务和数据湖架构的发展，往往开始暴露一些防御能力的缺失，我们看到越来越多安全厂商开始通过黑白盒自动化检测、RASP（运行态应用防护技术）相结合来构建 DevSecOps 安全方案；通过与数据中台整体方案的整合，来提供 Build－in 在业务流程中的数据安全能力；以及基于零信任的理念，开始构建以身份为中心的跨边界安全防护体系。这些新技术领域的探索和实践，也正在逐步拉近国内云安全技术领域和国外同行的差距，并在混合云架构下，探索出更适应于中国云计算市场的安全模式。

业务云化是整个电力信息化建设的中长期规划和目标，国网和南网均制定了充分利用云环境下的高可用、灵活部署和互联互通优势，为整个业务和产业链赋能的战略规划。云平台是整个数字化转型中的基础支撑环境，同时也是云、大、物、移、智等新技术场景中，承担核心通信、计算和存储功能的底层模块，所以云平台的安全能力建设，是整个电力信息化建设中的基础保障；电力行业的云安全能力建设，往往基于 Add－on 和 Build－in 两个维度进行考量。前者主要覆盖了传统的网络安全体系建设领域，各单位均倾向于延续既有的安全运营和攻击监测体系，在构建云内南北向、东西向防御/监测能力和服务组件资源池的基础上，纳入集团级安全运营中心，构建跨云、跨网络的统一安全运营体系；后者则主要覆盖了云计算体系下，新兴的技术中台、业务中台和数据中台能力建设领域，无论是容器化、微服务技术的应用，还是业务与数据交互场景的服务化与透明化，都产生了一系列云原生场景下的新安全诉求，而这些安全诉求往往需要构建在容器管理、业务 API 访问和数据湖管控的整个生命周期当中，形成了平台建设单位深度参与的 Build－in 式安全能力构建模式。随着电力企业数字化转型的推进，其所属的云平台除了承载内部业务，开始越来越多地面向生态链提供综合服务，开放一系列服务和数据共享接口，这使得电力公司开始更多地参照公有云模式，建立面向行业生态的身份和访问管理、服务管控能力，以零信任、API 安全等新技术理念构建基于身份的安全服务体系。

## 4.1.2 大数据安全

随着数字经济发展，社会从小数据时代进入更高级的大数据时代，数据产业规模快速增长，数据动态利用逐渐走向常态化、多元化，数据价值通过共享、交易等流通方式得到极大提升。同时，伴随着大数据的飞速发展，各种大数据技术层出不穷，新的技术架构、支撑平台和大数据软件不断涌现，大数据安全技术和平台发展也面临着新的挑战。大数据分析应用也成为个人、组织攫取高额利润的重要途径，易引发数据安全保护、合规使用等系列问题，数据安全成为网络安全的核心。

大数据的安全在全球范围内逐步引起重视，针对大数据安全的相关的法规、政策环境不断加强建设与制定，为大数据发展营造了健康的发展环境。国际上，美国、欧盟各成员国、澳大利亚、俄罗斯、新加坡等已制定或发布的数据保护相关法律法规：一是制定专门的数据保护法律法规，并明确相应的数据安全管理部门，如欧盟各成员国、俄罗斯、新加坡等。二是数据保护的相关要求分散地体现在本国各项法律法规及部门规章的相关条款中，但尚未颁布数据保护的专门法律法规，也未设置相应的管理部门，如美国、澳大利亚、日本等。国内，数据安全方面的法律法规发布进程明显加快，《数据安全管理办法（征求意见稿）》《信息安全技术 个人信息安全规范》《儿童个人信息网络保护规定》的发布以及近期《数据安全法（草案）》的研讨，都体现了国家对于数据安全的重视。

电力行业近年也处于数字化转型的关键阶段，随着数据集中、开放、共享程度加深，数据应用场景和模式不断创新，催生大量新兴数据业务，能源大数据等产业应运而生，区块链、数据中台等技术不断引入和深化应用，给大数据的应用也带来的新的安全风险。电力企业 2016 年已开始大数据平台应用及安全防护相关技术研究与应用，今年逐步开展数据中心、数据中台的应用及安全防护措施的落实。

同时，围绕国内外大数据安全合规管控需求，结合数据全生命周期安全技防架构，电力企业重点从以下方面开展了大数据安全防护：①基于大数据采集、传输、存储、使用、共享及销毁等环节开展数据安全管控及技术防护研究，研发大数据安全合规及安全技术管控平台，深化数据安全合规管控及数据脱敏、水印、加解密、数据防泄露、数据鉴权和追踪溯源等关键技术在数据全生命周期中的应用；②逐步加强敏感数据识别及数据标签技术研究，研发面向大数据的敏感数据识别及数据标签工具或产品；③研究面向各类数据的高效数据加密技术，实现满足各业务场景下高效的通用数据安全加密产品；④研究大数据隐私保护技术，针对电力大数据隐私保护需求，研究数据脱敏、安全多方计算、联邦学习技术及产品，研发适用于具体应用场景的大数据隐私保护产品，保证对电力敏感数据和个人隐私数据的使用安全合法合规。

### 4.1.3 物联网安全

物联网作为能够全面实现信息感知、可靠传输及高效信息处理的先进技术，在电力系统的发电、输电、变电、配电、调度、用电等环节应用广泛且前景广阔。

欧美都很重视物联网的发展。2009 年欧盟委员会公布了《欧盟物联网行动计划》，该计划的目的在于保证整个欧洲能够主导物联网产业的构建，行动计划共有十四项内容，主要有五条内容和安全相关，对其整体安全要求总结如下：严格执行通过数据保护立法调控物联网的发展；物联网终端用户能够对终端中的数据进行读取、修改和销毁以实现对自身信息的完整控制；在系统的设计阶段全面考虑安全需求，将安全功能作为物联网的重要组件，以建立使用户信任的运作能力；在必要时，制定并公布有关"物联网"标准化强制性条例；开展试点项目促进物联网市场化及具有互操作性的安全应用体系。2016 年美国国土安全部发布《确保物联网安全的战略原则》，强调"美国无法承担不安全物联网设备带来的影响。考虑到对关键基础设施、个人隐私和经济的潜在损害，后果不堪重负"。该文件提出的整体安全政策要求包括：强调联邦政府机构与物联网投资者加强合作，探索规避物联网潜在威胁的方法与途径；增强物联网投资商的风险意识，及时对物联网的各种危机做出反应；加强面向公众的物联网危机教育和培训；推进物联网国际标准的制定进程，确保国际标准与国内标准的一致性。该文件提出的整体安全技术要求包括：企业将设备推入市场时很少考虑安全，给恶意攻击创造大量机会，因此要求在设计阶段必须考虑安全因素；启用安全更新和漏洞管理，在产品部署后发现的产品漏洞能通过补丁、安全更新和漏洞管理策略缓解；以传统网络安全中经过验证的实践作为提升物联网安全的出发点，将其建立在可靠的安全基础之上；数据泄露的风险和后果大不相同，优先考虑对影响较严重的安全问题采取措施；在可能的情况下，开发人员和制造商需要了解供应链，识别软件和硬件组件并了解任何相关漏洞。考虑物联网的使用和物联网被破坏的相关风险，物联网消费者，尤其工业企业应该谨慎考虑持续联网的必要性。

我国也很重视物联网的发展及应用，制定了《物联网系统评价指标体系编制通则》（GB/T 36468—2018）和《物联网信息交换和共享》（GB/T 36478）等标准，等保 2.0 中的物联网部分主要扩展了感知层的安全要求。根据物联网的定义，物联网是由各种感知设备组成的网络。等保 2.0 物联网部分在物理和环境安全、网络和通信安全、设备和计算安全，以及应用和数据安全做了扩展要求：①物理和环境安全：对感知节点设备物理防护从设备防护、环境状态、工作状态及电力供应方面提出保障要求；②网络和通信安全：对入侵防范从感知节点的目标地址限制、网关节点的目标地址限制提出保障要求，确保授权节点的接入；③设备和计算安全：对感知节点设备安全从授权用户的权限、网关节点设备的鉴别能力及感知节点设备的鉴别能力提出保障要求；④网关节点设备安全：对最大并发连接数、合法连接设备鉴别能力、过滤非法节点和伪造节点数据的能力、对关键密钥及关键配置参数的在线更新提出保障要求；⑤应用和数据安全：对抗数据重放从避免历史数据重放攻击及避免数据修改的重放攻击提出保障要求，对数据融合处理从不同种类的数据融合及不同数据之间的依赖关系和制约关系的智能处理提出保障要求。

电力行业物联网安全研究仍处于起步发展阶段，目前已经开展的研究主要围绕行业规范和标准的制定。国家能源局正在组织编制《基于电力物联网业务的信息安全规范》（征求意见稿），规定了电力物联网相关的信息安全防护技术要求和安全管理要求。

## 4.1.4　移动应用安全

移动应用在国内政务、交通、工业、农业、医疗、教育等各行各业的普及和影响越来越广发。但是，移动应用为人们的生产和生活带来极大便利的同时，也为黑客和不法开发人员打开了一扇通往企业机密、用户隐私数据的秘密通道。移动应用企业及其用户面临着各式各样的安全威胁，应用在研发过程中由于不规范的代码编写、不安全的组件及第三方库使用，致使应用自身潜藏着大量的安全漏洞；攻击者也可通过逆向攻击手段，对应用安装程序进行反编译，或者使用动态调试等技术手段，窃取公司移动应用源码；大量的恶意、违规应用充斥应用市场，恶意违规应用可能在用户不知情的情况下，过度索要用户终端的敏感权限，暗地收集用户隐私数据、分析用户行为。

为有效解决上述移动应用安全相关问题，国外著名安全厂商 Gartner 在 2017—2018

年提出了一套名叫 Application Shielding（AS）的移动应用安全解决方案。该方案提出了一种包含威胁评估预测、安全预防、环境检测和响应修复的自适应安全架构，如图 4-1 所示。

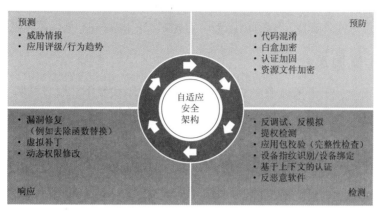

图 4-1　移动应用安全的自适应安全架构

　　威胁评估预测主要是指对移动安全业界威胁情报的搜集和应用源码和行为的安全评估分析；安全预防主要是针对应用自身安全防护能力的提升，包括基于代码混淆和安全认证加固的应用防逆向手段技术，以及以白盒加密为主导的应用关键数据信息、资源和配置文件、源码的加密；环境检测主要是指在默认所有移动终端设备都不可信的前提下，针对应用可能被动态破解问题，对应用运行的终端环境开展安全评测，比如应用是否处于调试环境运行、应用在运行过程中是否被动态违规提权、应用包是否被恶意篡改等；响应修复阶段是指当移动应用在预测阶段出现安全隐患后，对应用源码的漏洞进行修复，当应用在运行环节检测出违规提权等异常行为后，对应用进行动态权限修改，从而形成该自适应架构的闭环处置。目前，该套 AS 应用安全架构已被国外涉及金融、能源、交通、医疗等多个领域所采用，各公司可以借助 AS 安全架构，保障企业移动应用在不受信、不可控的终端上平稳安全运行。

　　在国内，移动应用安全同样引起了国家层面和企业层面的高度关注。国家层面，2017 年出台的国标 GB/T 34975—2017《信息安全技术 移动智能终端应用软件 安全技术要求和测试评价方法》明确对移动应用防反编译、数据加解密、后台通信身份认证、漏洞检测等方面制定了明确规定；2020 年，国标 GB/T 35273—2020《信息安全技术 个人信息安全规范》以及由信安标委出台的《网络安全标准实践指南—移动互联网应用程序（App）收集使用个人信息自评估指南（征求意见稿）》均明确规定了移动应用用户个人隐私数据保护的相关要求。基于国家和行业制定的标准规范，国内移动安全业界许多厂商都针对移动应用安全进行相应研发，制定了表现形式各异、核心思想统一的移动应用安全防护服务和产品框架，重点围绕应用代码安全评估、安全加固和混淆、白盒加密、应用安全监测和管控、应用安全合规等方向开展研究。目前国内各行各业对移动应用安全重视程度普遍提高，尤其是政府、金融、能源、娱乐等涉及移动客户端敏感信息、用户支付和软件知识产权的行业对移动应用安全防护的需求日益明显。

　　为保障数百种电力移动应用的安全运营，在电力行业内也针对移动应用安全设立专门的研究部门，围绕移动应用安全评估、渗透测试、安全加固、安全功能、渠道检测、行为管控、合规管理等方面开展自主研发，构建统一的移动应用安全综合防护体系，并通过制定相应管理规章和行业/企业标准，将移动应用安全防护覆盖到应用全生命周期，在电力企业生产生活移动化、便捷化进程中的各环节扫除安全隐患，保障社会能源供给。

## 4.1.5　人工智能安全

　　人工智能作为引领未来的战略性技术，日益成为驱动经济社会各领域从数字化、网络化向智能化加速跃升的重要新动能。近年来，随着数据量的爆发式增长、计算能力的显著提升、深度学习等算法的突破性应用，极大地推动了人工智能技术的发展。然而，人工智能是一把"双刃剑"，一方面，人工智能作为一种通用目的技术为网络安全提供了新途径；另一方面，人工智能作为一种计算机软硬件技术，它自身如何防止安全缺陷和被攻击者利用，必须引起高度重视。

　　首先，人工智能作为一种通用目的技术，可以为网络空间安全防护全面提升预测、检测、防御和响应等环节安全性能提供技术支持。在网络攻击预测方面，人工智能系统可以利用机器学习预判网络攻击，并结合专家系统给出智能决策，以抵御攻击并且评估风险；在安全检测方面，可以实时监控网络系统，无须人工监视，感知网络安全态势；在网络防御方面，可以利用已有的攻击样本判断攻击类型，实现安全防御自动化；在攻击响应方面，可以实现安全响应自动化，并允许人工干预，快速形成攻击案件分析，为专家系统的决策支持提供基础数据。

　　其次，人工智能由于技术的不确定性和应用的广泛性，其本身也带来了诸多安全风险和挑战，这类风险包括网络安全风险、数据安全风险、算法安全风险以及信息安全风险等。网络安全风险方面，人工智能技术可以提升网络攻击效率、加剧破坏程度，显著提升网络攻击能力，对现有网络安全防护体系构成威胁与挑战。数据安全风险方面，针对算法模型的逆向攻击可导致其内部数据泄露，进而使得攻击者可获得训练和运行时数据；同时，随着人工智能分析能力的加强，也加大了用户数据隐私泄露的风险。算法安全风险方面，设计或实施有误可产生与预期不符甚至伤害性结果，另外，噪声、偏差训练数据、对抗样本也可影响算法模型准确性，产生错误结果。信息安全风险方面，基于人工智能算法可获取大量隐私记录，识别潜在易攻击目标，进而定制化投放钓鱼邮件，提升社会工程攻击精准性。

　　人工智能作为国际竞争新焦点，世界主要国家纷纷出台相关规划和政策，力图在科技竞争中掌握主导权，例如，2017 年美国哈佛大学肯尼迪政治学院发布《人工智能与国家安全报告》，2018 年欧洲政治战略中心发布《人工智能时代：确立以人为本的欧洲战略》。这类战略性材料强调人工智能技术可能对国家安全、军事安全、经济发展的颠覆性影响，而对于人工智能与网络安全方面的相关内容则较少。国内方面，近年国家相继出台《网络安全法》《国家网络空间安全战略》《新一代人工智能发展规划》《关键信息基础设施安全保护条例》《数据安全法》等法律法规文件，强调了人工智能等新一代信息技术对网络空间安全的极其重要性，突出了人工智能发展不确定性带来新挑战，鼓励企业开展相关人工智能关键技术研究和应用，提升国家网络空间安全应对能力。行业方面，相关企业纷纷出台了人工智能安全白皮书等文件，如中国信息通信研究院发布《人工智能安全白皮书（2018）》《人工智能数据安全白皮书（2019 年）》，观安联合赛博研究发布《人工智能数据安全风险与治理（2019 年）》，材料详细归纳了当前现状、提出发展建议。

随着互联网高速发展以及物联网、工业互联网、云计算、大数据等技术的崛起，电力企业部署数字化转型升级，泛在物联网、透明电网、电力监控系统网络安全态势感知等概念纷纷提出和落地，人工智能技术得到了进一步应用。人工智能技术在电力行业的应用包括主配网智能巡视、关键设备状态评价、电力机器人作业、电网终端安全防护、电力监控系统网络安全态势感知、智能客服语音识别等方面。当前阶段电力行业人工智能与网络安全的结合有以下特点：首先，电力企业对于人工智能技术的应用和研究，主要关注解决具体生产、办公中遇到的问题，以提高生产效率为目的，而对于人工智能本身可能存在的安全问题则关注较少，需进一步关注人工智能可能带来的安全问题。其次，基于人工智能的网络安全防护应用，现阶段已有不少应用案例，与通用的网络安全防护并无太大差异。随着电力企业电力监控系统网络安全态势感知、信息安全监测等系统的建设，人工智能技术被应用于解决安全设备海量日志分析、入侵检测、通信对异常识别、网络安全综合研判等问题。最后，电网云边端的安全防护，包括边缘计算安全防护、终端接入认证，数据存储和传输安全以及隐私保护、设备防渗透状态监测等电网网络空间安全防护，都有尝试使用基于人工智能的安全防护技术以提升防护效果。随着电力企业数字化转型的进一步升级，人工智能技术将得到更加广泛和深入的应用，人工智能安全问题也将得到进一步重视。

## 4.1.6 区块链安全

近年来，区块链技术在全球范围内受到了极大的关注。各国政府在区块链技术领域积极发力。

国际上，区块链技术的应用主要表现在金融行业、供应链管理、物联网、版权保护、医疗等多个行业。传统的中心化机制对于潜在数量在百亿级的物联网设备而言是低效甚至不可用的。在解决节点间信任问题方面，中心化的解决方案并不现实。区块链技术提供了一种无需依赖某个单个节点的情况下创建共识网络的解决方案。基于区块链的物联网应用，每个物联网设备都能够自我管理，无须人工维护。只要物联网设备还存在，整个网络的生命周期就可以很长，并且运行开销可以明显降低。例如智能家居，所有智能家居的联网设备都能够自动地和其他设备或外界进行活动，智能电表能够通过调节用电量和使用频率来控制电费等。国内外众多企业开展了物联网和区块链融合的行业应用，比如在渔业、食品溯源、能源等领域，表明区块链作为物联网应用的基础技术已经广受认可。

在国内，2016 年国务院发布《"十三五"国家信息化规划》首次将区块链纳入新技术范畴并作前沿布局，标志着我国开始推动区块链技术和应用发展。此后，中央和地方纷纷出台了相关监管或扶持政策（地方政策偏扶持类），为区块链技术和产业发展营造了良好的政策环境。技术层面，一方面鼓励区块链技术的创新研究和应用，并强调加快区块链技术标准体系的制定；另一方面，鼓励区块链技术与大数据、人工智能等技术的融合研究和应用，以解决社会信用、成本、效率等方面的问题。产业层面，一方面（鼓励）设立区块链产业引导基金；应用层面，主要是鼓励或支持区块链与金融、供应链、跨境电商、供应链金融、物流、公益、农业、政务等产业的深度融合。截至 2019 年年底，国内有北京、上海、广州、重庆、深圳、江苏、浙江、贵州、山东、江西、广西等多地发布区块链政策指导信息，这些指导政策以鼓励和扶持偏多，很多地区对区块链技术发展高度重视，并重点扶持区块链应用，以带动地方区块链相关产业发展。中央和地方级政府的重视，为区块链技术和产业发展营造了良好的政策环境。

随着区块链技术研究的深入及进步，电力行业今年也在不断尝试采用区块链技术解决网络安全问题，但如何结合电力企业特点开展研究仍存面临挑战。后续建议从以下方面开展区块链安全研究：

（1）研究电力区块链评估技术。研究智能区块链算法、协议、数据和系统的安全风险分析技术，形成区块链技术各层面安全设计要求；开展智能区块链安全评估技术的研究，研究不同区块链技术在电力业务系统中应用安全风险分析方法，建立针对区块链技术的安全评估机制；研究智能区块链在电力业务系统中应用的安全防护策略，保障区块链与电力业务系统运行过程的安全性与可靠性。

（2）研究多边交易的安全防护技术。研究适用于现货市场的区块链安全防护模型，建立代码、软件、算法、协议、数据过程的安全防护技术能力，研究跨链可信交换技术，解决跨链多边交易的数据交换问题，解决在多边交易和共享过程中的业务和数据保护问题。

（3）基于区块链的数据安全存储与交换架构研究。分布式数据交换技术，可研究在尽量不改动现有数据分布存储结构的情况下将分散存储在各系统"信息孤岛"上的数据通过区块链实现可信的互联互通；用户自主可控的动态权限管理技术，研究区块链的智能合约、共识机制以及数据存储结构，以支持用户可根据自己的意愿决定数据访问方的访问权限。

### 4.1.7　5G 安全

5G 网络与垂直行业深度融合的特点导致 5G 安全问题不仅影响人和人之间的通信，还将会影响到各行各业，有些场景甚至可能威胁到人们的生命财产安全乃至国家安全；因此，世界主要国家均将 5G 作为优先发展的战略性领域，5G 安全问题成为世界各国关注的焦点。5G 面临的新安全风险和挑战主要包括：实体网元变为虚拟化软件，物理资源共享，设备安全边界模糊，开放端口成为数据泄露的脆弱点，多样化终端的安全能力差异大，容易成为新的攻击目标以及新业务场景下安全责任归属问题等。

在国外，部分组织或国家（如欧盟、美国、捷克等）在 5G 安全领域发布了多个 5G 安全相关报告，这些报告所表达的观点主要涵盖两个方面：①5G 安全意义重大，5G 网络的安全性对于国家安全、经济安全和其他国家利益以及全球稳定性至关重要；②5G 将面临新的安全风险，有必要开展 5G 安全风险评估，并倡导将供应链安全及非技术因素纳入 5G 安全评估范畴。

5G 相关国际标准主要由第三代合作伙伴计划（3GPP）研究制定，分为 R15 和 R162 个版本来满足 ITUIMT-2020 的全部需求：R15 为 5G 基础版本，重点支持 eMBB 业务和基础的 uRLLC 业务；R16 为 5G 增强版本，将支持更多类型的业务。目前，3GPP 已完成了 R15 独立组网 5G 标准，并将于 2019 年年底发布 R16 标准。R16 标准在 R15 的基础上，进一步增强网络支持 eMBB 的能力和效率，重点提升对垂直行业应用的支持，特别是对 uRLLC 类业务以及 mMTC 类业务的支持。5G 安全研究及标准制定与 5G 总体架构相关工作保持同步。3GPP 于 2018 年 6 月完成了第 1 阶段（R15）5G 安全标准，重点研究 5G 系统安全架构和流程相关要求，包括安全框架、接入安全、用户数据的机密性和完整性保护、移动性和会话管理安全、用户身份的隐私保护以及与演进的分组系统（EPS）的互通等相关内容。2020 年 7 月 3 日 23：00，5G 标准 Rel-16 版在 TSG 第 88 次会议（在线会议）上通过并冻结，这标志着，5G Rel-16 版标准全面冻结，5G 正式进入第二阶段。该阶段将重点推进 uRLLC 安全、切片安全、5G 蜂窝物联网（CIoT）安全、增强的服务化架构（eSBA）安全、位置业务安全增强等工作，制定了一系列 5G 安全相关的国际标准。其中，《5G 系统安全架构和流程》和《3GPP 系统架构演进（SAE）安全架构》主要规定独立组网（SA）架构和非独立组网（NSA）架构下的 5G 网络架构及安全机制相关内容；安全保障系列规范主要规定 5G 网元的基线要求（数据和信息保护、可用性和完整性保护、认证和授权、会话保护、日志等）、抗攻击能力、端口扫描、漏洞扫描等的技术要求和测试方法等。

在国内，我国在 2016 年 12 月发布《国家网络空间安全战略》，提出要统筹网络发展和安全两件大事，认为安全是发展的保障，发展是安全的目的。中国 5G 安全标准分为行业标准和国家标准两大类，主要研究 5G 安全关键技术、架构和流程、虚拟化安全技术、设备安全保障等。行业标准在中国通信标准化协会（CCSA）研究制定，目前已完成大部分标准；国家标准在国家标准化管理委员会制定，正在陆续立项。这些行业和国家标准的主要内容基本与对应的国际标准一致，旨在指导 5G 移动通信网络设备的研发，并为运营商和监管机构在 5G 安全方面开展工作提供技术参考。

5G 在电力行业中的应用刚刚起步，针对 5G 的大带宽、低延时、高可靠和大连接能力，国家电力在巡检、配网自动化、大数据采集、精准负荷控制等应用方面都在积极推动 5G 技术的研究和落地。但是对 5G 的技术成熟度、稳定性、可靠性和安全性的评估，还需要一定的时间加以验证。由于电力业务的特殊性，导致其对于无线接入业务的安全性和可靠性要求极高，虽然现在前期也开展了电力控制类信息的安全管理和方案设计，从现场测试中也得到了测试数据和业务验证。但是总体而言，尚未建立完善可靠的安全体系，未来国家电力通过 5G 实现电力业务的全面接入还有很长的路要走。

# 4.2 新业务安全保障

## 4.2.1 综合能源服务安全保障

综合能源服务是一种新型的为满足终端客户多元化能源生产与消费的能源服务方式，本质上是以电力系统为核心，改变以往供电、供气、供水、供冷、供热等各种能源供应系统单独规划、单独设计和独立运行的既有模式，利用现代物理信息技术、智能技术以及提升管理模式，在规划、设计、建设和运行的过程中，对各类能源的分配、转化、存储、消费等环节进行有机协调与优化，充分利用可再生能源的新型区域能源供应系统，是一种"以用户为中心的能源服务"。综合能源服务是满足客户多样化能源需求的综合性服务，其业务活动主要具备以下几方面特征：一是涵盖多种能源要素。综合能源服务业务涉及水、电、气、热、冷多种能源，在能源生产、加工转换、输配、储存、终端使用全环节提供综合能源服务。综合能源服务平台改变以往供电、供气、供水、供冷、供热等各种能源供应系统单独规划、单独设计和独立运行的既有模式，建设新型综合能源供应系统。二是用户深度参与。综合能源服务业务与传统电力业务不同的是主要服务对象为外部用户，数据的采集、分析、应用都有用户参与，综合能源服务业务平台采集的终端主要为用户资产终端，基于用户用能需求开展数据分析，用户根据提供的综合能源服务解决方案开展能效优化，有效实现以用户为中心的综合能源服务。三是服务类型多样化。鉴于用户能源服务需求的多样性，综合能源服务供应商提供多样性的综合服务，具体表现为供能服务品种的多样性而非单一性、用能服务内容的多样性、服务形式的多样性。综合能源服务供应商为用户提供能效评估、联合运维、能源管控等多样化的"软性"增值服务的同时，也可根据用户需求，由综合能源服务供应商提供对用户设备的综合调度控制服务。

综合能源服务业务有别于传统的电力业务，需要在传统的注重"三道防线"网络安全边界防护的基础上，加强对用户终端认证接入及加密传输、用户自建平台与公司统建平台边界防护、用户数据全生命周期安全防护、移动应用防护等方面加强安全防护的措施建设。

综合能源服务平台是构建现代能源综合服务体系的重要技术支撑，主要实现用户主要能源数据采集，基于用户多维用能数据，探索挖掘光伏储能、电能替代、能效提升等多种服务潜能，进行多能协调优化运行策略分析，为用户能源运行提供实时的策略建议。其网络安全防护应以"电力物联网全场景网络安全防护方案"为基础，分别落实感知层、网络层、平台层、应用层各项基本安全防护措施。同时，应结合综合能源服务业务特性，重点落实如下具体安全防护措施。

1. 物联终端安全认证及加密传输

综合能源服务业务的物联网终端基于其所承载业务的重要程度，分为一般业务采集类终端、重要业务采集类终端、控制类终端三种，具体重要程度应由业务部门按照业务实际情况进行划分。针对不同种类的终端，应分别采取相应的安全防护措施开展防护。

属于用户资产的终端，不强制要求认证和加密传输，不得与综合能源服务平台直连，必须通过边缘代理实现安全接入。属于公司资产的一般业务采集类终端，不强制要求认证和加密传输；属于公司资产的重要业务采集类终端或控制类终端，如通信协议支持安全选项，优先启用合适的安全选项，例如，Wi-Fi 应启用安全性不低于 WPA2-PSK 的安全模式，并设置连接强口令，使用蓝牙通信方式连接的终端如智能充电桩、信息采集器等，应设置 PIN 码用于认证。自身通信协议不支持安全选项的终端，应按照如下方式采取安全防护措施。

对于高性能的智能终端，优先采用适配具有国密型号的软件密码模块的方式，对终端私钥和密码运算环境进行保护，并基于证书的方式进行安全认证和加密传输。对于资源受限的非智能终端，应通过部署具有国密型号的安全 MCU、安全通信模块、安全芯片等方式，采用基于密码学的数字证书技术进行安全防护。

对于存量终端，优先沿用原有安全防护措施，如无相应安全防护措施，应对其进行相应的安全防护改造。对于增量终端，应在终端设备出厂交付前，落实相应安全防护措施。

2. 边缘代理安全监控防护

综合能源服务业务体系中感知层物联终端主要为用户资产，终端安全风险不可控，需要通过强化边缘代理安全监控功能，实现对感知层风险的全面监控。

边缘物联代理应部署具备流量监测、行为分析、访问控制等功能的安全模块。通过对所代理网络的流量进行检测，记录网络流量目的地址、目的端口、源地址、源端口等基本信息，实现网络流量的可见、可溯。通过采集物联网终端设备流量和日志数据，分析网络中存在的异常行为，实现风险预警，或基于边缘代理本地的访问控制策略实现对高风险网络请求的及时阻断。

3. "控制域"安全防护

综合能源服务业务根据用户需求可实现对用户设备的综合控制，对于不属于电力监控系统范畴的控制类业务，可根据实际业务需求部署在管理信息大区，涉及用户用能设备控制功能的组件，应与平台其他功能组件解耦，部署在单独划定的"控制域"，"控制域"在本大区防护要求基础上，加强对控制指令的审批和校验。通过部署网络防火墙，对"控制域"边界进行安全访问控制，并单独部署入侵防御、Web 应用防护、全流量分析、未知威胁发现、攻击溯源、业务风控、安全认证和加密、数据脱敏、数据防泄露等措施，加强"控制域"边界及数据安全防护，仅允许"控制域"由内向外主动发起的控制指令和数据采集请求，禁止由外向内的主动业务请求。

4. 公司统建平台与用户自建平台交互边界和数据安全防护

综合能源服务业务涉及公司统建综合能源服务平台和用户自建综合能源服务平台，对于外部用户自建平台与公司统建平台的交互需重点加强边界和数据安全的防护措施建设。

对于数据安全防护方面，应在管理信息大区设置第三方数据接口"汇聚区"，部署数据前置机，对来自多个用户自建平台的第三方专线数据进行汇聚。并通过数据前置机对传入数据进行严格检查，限制通过数据接口传输的数据类型，防止恶意数据和垃圾数据进入公司统建平台，同时加强数据加密、数据脱敏、数据防泄露等数据安全防护手段建设。

对于边界安全防护方面，通过部署防火墙、应用防火墙、入侵检测系统、未知威胁检测、攻击溯源等手段实现统一访问控制和安全检测，加强边界安全防护。

5. 供应链安全防护

当用户自建平台为外部第三方供应商提供，且与公司统建平台有数据交互需求时，应通过签订网络安全协议等方式，对第三方供应商提出相关要求，并明确各方安全责任。

第三方供应商提供的平台产品必须通过由具有相关资质的第三方机构进行的安全测评，确保产品代码安全，重点防范两方面的漏洞风险：一是防范代码问题导致的敏感信息泄露漏洞，防止公司和用户敏感数据失窃的情况发生；二是防范权限控制逻辑问题导致的越权访问漏洞，防止无控制权限的用户对用能设备进行非法控制，防止低控制权限用户对非授权用能设备进行越权控制。

## 4.2.2　虚拟电厂安全保障

当前，清洁能源的大规模开发利用已经成为世界能源转型不可逆的发展趋势。2014年 6 月，习近平总书记在中央财经会议上提出"四个革命、一个合作"重大战略思想，为我国能源转型发展提供了指引。国家电力公司坚决贯彻总书记重要指示精神，在能源供给上实施清洁替代，在能源消费上实施电能替代，支撑各种新型用能方式蓬勃发展。预计到 2050 年，我国非化石能源占一次能源的比重超过 50％，电能占终端能源消费比重将过 50％，构建可再生能源在能源生产和消费中占主导的清洁低碳、安全高效的能源体系。

与此同时，以"大云物移智链"为代表的先进信息通信技术，也为能源体系变革提供了新的手段和动力。虚拟电厂作为能源供给和能源消费的融合点，采用信息通信技术聚合分布式电源、电动汽车、储热（蓄冷）、电储能、氢储能等分布式资源，对内实现清洁能源主动协调和综合消纳，对外提供类似传统电厂出力特性：一是参与电力调峰、调频，保障电力安全稳定运行；二是参与电力市场交易，提供备用容量、黑启动等辅助服务；三是消纳可再生能源，提高电力设备负载率和资产利用率。虚拟电厂是当今电力行业最具创新性的领域，极有可能成为未来需求侧管理的终极模式，其发展将推动电力技术、管理、体制和商业模式的一系列变革与创新，为推进能源转型、实现"两个 50％"的重大目标开辟一条新的路径。

基于虚拟电厂的理论和技术研究，国外相继开展了一系列虚拟电厂工程示范项目。2005—2009 年，在欧盟第 6 框架计划下，由来自欧盟 8 个国家的 20 个研究机构和组织合作实施和开展了 FENIX 项目，旨在将大量的分布式电源聚合成虚拟电厂并使未来欧盟的供电系统具有更高的稳定性、安全性和可持续性。EDISON 是由丹麦、德国等国家的 7个公司和组织开展的虚拟电厂试点项目，研究如何聚合电动汽车成为虚拟电厂，实现接入大量随机充电或放电单元时电力的可靠运行。2012—2015 年，在欧盟第 7 框架计划下，由比利时、德国、法国、丹麦、英国等国家联合开展了 TWENTIES 研究项目，其中对于虚拟电厂的示范重点在于如何实现热电联产、分布式电源和负荷的智能管理。WEB2ENERGY 项目同样是在欧盟第 7 框架计划下开展的，以虚拟电厂的形式聚合管理需求侧资源和分布式能源。德国库克斯港的 eTelligence 项目建立了能源互联网示范地区，其核心是建立一个基于互联网的区域性能源市场。研究发现，2016 年以来，北美是虚拟电厂应用最多的地区，主要以美国为主，侧重于需求侧削峰填谷、调频、发电容量市场和电力批发市场。美国市场研究机构法维翰调查显示，全球虚拟电厂合计容量将由 2014年的 4800MW 增加到 2023 年的 28GW。

不同类型的虚拟电厂涉及不同的业务主体管控模式。以冀北公司为代表的"电源侧"虚拟电厂，主要面向大型清洁能源基地，以传统调控方式为主；以上海公司为代表的

"需求侧"虚拟电厂，主要面向负荷集成商，以负荷邀约方式为主；以江苏公司为代表的"电力侧"虚拟电厂，面向可中断负荷，以直控方式为主。其中，对低压台区的个人用户，主要采用非侵入式装置，以用户自行调节响应为主。

虚拟电厂作为能源互联网的重要组态，拓展了电力系统边界范围，现场各类控制设备的智能化放大虚拟电厂生产控制和管理信息系统中的安全风险。一是有必要开展现场设备的深层次漏洞挖掘、安全监测、关键进程和数据保护、攻击阻断等终端防护理论和技术创新，探索应用轻量级身份认证、可信计算等技术，保障虚拟电厂内部接入安全；二是有必要在虚拟电厂对调度中心、交易中心的边界试点应用新一代自主可控安全防护装备，确保电力工控和互联网应用安全；三是有必要开展基于区块链的虚拟电厂分布式能源交易主体信用评价、多方可信交易、智能合约控制以及隐私保护等技术研究与应用，满足虚拟电厂对数据分类分级保护、审计和流动追溯等更高要求，促进不同主体间的数据安全交互。

# 第 5 章
# 基于专利的企业技术创新力评价

为加快国家创新体系建设，增强企业创新能力，确立企业在技术创新中的优势地位，一方面需要真实测度和反映企业的技术创新能力，另一方面需要对企业的创新活动和技术创新能力进行动态监测和评价。

基于专利的企业技术创新力评价主要基于可以集中反映创新成果的专利技术，从创新活跃度、创新集中度、创新开放度、创新价值度四个维度全面反映电力信息通信网络安全领域的企业技术创新力的现状及变化趋势。在建立基于专利的企业技术创新力评价指标体系以及评价模型的基础上，整体上对网络安全领域的申请人进行了企业技术创新力评价。为确保评价结果的科学性和合理性，网络安全领域的申请人按照属性不同，分为了供电企业、电力科研院、高等院校和非供电企业，利用同一评价模型和同一评价标准，对不同属性的申请人开展了技术创新力评价。通过技术创新力评价全面了解网络安全领域各申请人的技术创新实力。

以电力信息通信网络安全领域已申请专利为数据基础，从多维度进行近两年公开专利对比分析、全球专利分析和中国专利分析，在全面了解网络安全领域的专利布局现状、趋势、热点布局国家/区域、优势申请人、优势技术、专利质量和运营现状的基础上，从区域、申请人、技术等视角映射创新活跃度、创新集中度、创新开放度和创新价值度。

## 5.1 基于专利的企业技术创新力评价指标体系

### 5.1.1 评价指标体系构建原则

围绕企业高质量发展的特征和内涵，按照科学性与完备性、层次性与单义性、可计算与可操作性、动态性以及可通用性等原则，构建一套衡量企业技术创新力的指标体系。从众多的专利指标中选取便于度量、较为灵敏的重点指标（创新活跃度、创新集中度、创新开放度、创新价值度），以专利数据为基础构建一套适合衡量企业创新发展、高质量发展要求的评价指标体系。

### 5.1.2 评价指标体系框架

评价企业技术创新力的指标体系中，一级指标为总指数，即企业技术创新力指标。

二级指标分别对应四个构成元素，分别为创新活跃度指标、创新集中度指标、创新开放度指标、创新价值度指标，其下设置4～6个具体的三级指标予以支撑。

1. 创新活跃度指标

本指标是衡量申请人的科技创新活跃度，从资源投入活跃度和成果产出活跃度两个方面衡量。创新活跃度指标采用专利申请总量、专利申请活跃度、授权专利发明人数活跃度、国外同族专利占比、专利授权率、有效专利数量6个三级指标来衡量。

2. 创新集中度指标

本指标是衡量申请人在某领域的科技创新的集聚程度，从资源投入的集聚和成果产出的集聚两个方面衡量。创新集中度指标分别采用核心技术集中度、专利占有率、发明人集中度、发明专利占比4个三级指标来衡量。

3. 创新开放度指标

本指标是衡量申请人的开放合作的程度，从科技成果产出源头和科技成果开放应用两个方面衡量。创新开放度指标分别采用合作申请专利占比、专利许可数、专利转让数、专利质押数4个三级指标来衡量。

4. 创新价值度指标

本指标是衡量申请人的科技成果的价值实现，从已实现价值和未来潜在价值两个方面衡量。创新价值度指标分别采用高价值专利占比、专利平均被引次数、获奖专利数量和授权专利平均权利要求项数4个三级指标来衡量。

本企业技术创新力评价模型的二级指标的数据构成、评价标准在附录A中进行详细说明。

## 5.2 基于专利的企业技术创新力评价结果

### 5.2.1 电力网络安全技术领域企业技术创新力排名

表 5 - 1　　　　　电力网络安全技术领域企业技术创新力排名

| 申 请 人 名 称 | 技 术 创 新 力 指 数 | 排　　名 |
|---|---|---|
| 中国电力科学研究院有限公司 | 82.0 | 1 |
| 北京国电通网络技术有限公司 | 76.4 | 2 |
| 广东电网有限责任公司电力科学研究院 | 75.0 | 3 |
| 全球能源互联网研究院 | 73.5 | 4 |
| 国网湖南省电力有限公司 | 73.3 | 5 |
| 国网江苏省电力公司信息通信分公司 | 73.3 | 6 |
| 上海交通大学 | 73.1 | 7 |
| 国网信息通信有限公司 | 71.9 | 8 |
| 国网山东省电力公司电力科学研究院 | 71.7 | 9 |
| 南瑞集团有限公司 | 71.0 | 10 |

## 5.2.2 电力网络安全技术领域供电企业技术创新力排名

表 5－2　　　　　　　　电力网络安全技术领域供电企业技术创新力排名

| 申 请 人 名 称 | 技 术 创 新 力 指 数 | 排　　名 |
|---|---|---|
| 国网湖南省电力有限公司 | 73.3 | 1 |
| 国网江苏省电力公司信息通信分公司 | 73.3 | 2 |
| 国网信息通信有限公司 | 71.9 | 3 |
| 中国南方电网有限责任公司 | 69.5 | 4 |
| 国家电网公司信息通信分公司 | 69.4 | 5 |
| 国网江苏省电力有限公司 | 69.2 | 6 |
| 国网青海省电力公司 | 68.0 | 7 |
| 国网浙江省电力有限公司 | 68.0 | 8 |
| 国网河北省电力公司信息通信分公司 | 67.2 | 9 |
| 国网福建省电力有限公司 | 65.6 | 10 |

## 5.2.3 电力网络安全技术领域电力科研院技术创新力排名

表 5－3　　　　　　　电力网络安全技术领域电力科研院技术创新力排名

| 申 请 人 名 称 | 技 术 创 新 力 指 数 | 排　　名 |
|---|---|---|
| 中国电力科学研究院有限公司 | 82.0 | 1 |
| 广东电网有限责任公司电力科学研究院 | 75.0 | 2 |
| 全球能源互联网研究院 | 73.5 | 3 |
| 国网山东省电力公司电力科学研究院 | 71.7 | 4 |
| 南方电网科学研究院有限责任公司 | 66.9 | 5 |
| 国网江苏省电力有限公司电力科学研究院 | 66.9 | 6 |
| 国网四川省电力公司电力科学研究院 | 66.5 | 7 |
| 国网电力科学研究院有限公司 | 65.4 | 8 |
| 国网河南省电力有限公司电力科学研究院 | 65.2 | 9 |
| 国网冀北电力有限公司电力科学研究院 | 63.5 | 10 |

## 5.2.4 电力网络安全技术领域高等院校技术创新力排名

表 5－4　　　　　　　电力网络安全技术领域高等院校技术创新力排名

| 申请人名称 | 技术创新力指数 | 排名 | 申请人名称 | 技术创新力指数 | 排名 |
|---|---|---|---|---|---|
| 上海交通大学 | 73.1 | 1 | 天津大学 | 59.0 | 6 |
| 电子科技大学 | 67.2 | 2 | 东南大学 | 56.7 | 7 |
| 华北电力大学 | 66.9 | 3 | 长沙理工大学 | 52.7 | 8 |
| 西安电子科技大学 | 66.2 | 4 | 武汉大学 | 51.8 | 9 |
| 清华大学 | 63.2 | 5 | 浙江大学 | 43.3 | 10 |

## 5.2.5 电力网络安全技术领域非供电企业技术创新力排名

表 5 - 5 电力网络安全技术领域非供电企业技术创新力排名

| 申 请 人 名 称 | 技 术 创 新 力 指 数 | 排 名 |
|---|---|---|
| 北京国电通网络技术有限公司 | 76.4 | 1 |
| 南瑞集团有限公司 | 71.0 | 2 |
| 许继集团有限公司 | 68.5 | 3 |
| 北京中电普华信息技术有限公司 | 68.1 | 4 |
| 国电南瑞科技股份有限公司 | 67.8 | 5 |
| 南京南瑞继保电气有限公司 | 63.1 | 6 |
| 北京科东电力控制系统有限责任公司 | 62.7 | 7 |
| 北京许继电气有限公司 | 61.0 | 8 |
| 成都秦川科技发展有限公司 | 59.7 | 9 |
| 福建亿榕信息技术有限公司 | 58.4 | 10 |

## 5.3 电力网络安全技术领域专利分析

### 5.3.1 近两年公开专利对比分析

本节重点从全球主要国家和地区专利公开量、居于排名榜上前 10 位的专利申请人和前 10 位的细分技术分支三个维度对比 2019 年和 2018 年的专利申请量变化趋势。

#### 5.3.1.1 专利公开量变化对比分析

如图 5 - 1 所示，基于七国两组织专利公开量看整体变化，2019 年的专利公开量增长率相对于 2018 年的专利公开量增长率降低了 13.2 个百分点。2018 年专利公开量的增长率为 21.3%，2019 年专利公开量的增长率为 8.1%。

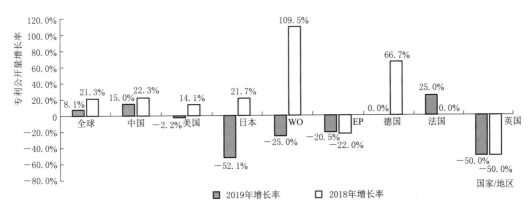

图 5 - 1 全球专利公开量增长率对比图（2018 年和 2019 年）

各个国家/地区的公开量增长率的变化不同。2019 年相对于 2018 年的专利公开量增长率升高的国家/地区包括法国，其他国家和地区 2019 年相对于 2018 年的专利公开量增长率无变化或增长率降低。

美国 2019 年的专利公开量增长率相对于 2018 年的环比降低了 16.3 个百分点。WO 2019 年的专利公开量增长率环比降低了 134.5 个百分点。中国 2019 年的专利公开量增长率环比降低了 7.3 个百分点。日本 2019 年的专利公开量增长率环比降低了 73.8 个百分点。德国、英国、EP 等地区也不同幅度下降。

整体上看，在七国两组织范围内专利公开量增长率呈下降趋势，各个国家/地区的 2019 年专利公开量增长率低于 2018 年（法国除外），2019 年的创新活跃度较 2018 年的创新活跃度低。

### 5.3.1.2 申请人变化对比分析

如图 5-2 所示，同时居于 2019 年和 2018 年排名榜上的供电企业和电力科研院包括国家电网有限公司、国网信息通信产业集团有限公司、中国电力科学研究院有限公司、广东电网有限责任公司、国网浙江省电力有限公司、国网江苏省电力公司、南方电网科学研究院有限公司、全球能源互联网研究院。2019 年新晋级至排名榜上的供电企业包括南瑞集团有限公司和中国南方电网有限责任公司。2018 年、2019 年高等院校未出现在排名榜上。

| 2018年 | | 2019年 |
|---|---|---|
| 国家电网有限公司 | 1 | 国家电网有限公司 |
| 国网信息通信产业集团有限公司 | 2 | 广东电网有限责任公司 |
| 国网浙江省电力有限公司 | 3 | 国网信息通信产业集团有限公司 |
| 广东电网有限责任公司 | 4 | 国网浙江省电力有限公司 |
| 国网江苏省电力有限公司 | 5 | 中国南方电网有限责任公司 |
| 国网上海市电力公司 | 6 | 南方电网科学研究院有限责任公司 |
| 中国电力科学研究院有限公司 | 7 | 国网江苏省电力有限公司 |
| 全球能源互联网研究院 | 8 | 中国电力科学研究院有限公司 |
| 南方电网科学研究院有限责任公司 | 9 | 南瑞集团有限公司 |
| 北京智芯微电子科技有限公司 | 10 | 全球能源互联网研究院 |

图 5-2 申请人排名榜对比图（2018 年和 2019 年）

可以采用 2019 年的申请人相对于 2018 年的申请人的变化，从申请人的维度表征创新集中度的变化。整体上讲，2019 年相对于 2018 年，在网络安全技术领域的技术集中度整体上无变化，局部有调整。

### 5.3.1.3 细分技术分支变化对比分析

如图 5-3 所示，同时位于 2019 年排名榜和 2018 年排名榜上的细分技术分支有 8 个包括 H04L29/06（网络安全应用于"以协议为特征的数字信息传输"）、G06Q10/06（资源、工作流、人员或项目管理，例如组织、规划、调度或分配时间、人员或机器资源；企业规划；组织模型等）、H02J13/00（对网络情况提供远距离指示的电路装置，例如网络中每个电路保护器的开合情况的瞬时记录；对配电网络中的开关装置进行远距离控制的电路装置，例如用网络传送的脉冲编码信号接入或断开电流用户等技术）、H04L12/24（数字信息传输中用于维护或管理的装置）、H04L29/08（数字信息传输中的传输控制规程，例如数据链级控制规程）以及 G06Q50/06、H04L9/08 和 H02J3/00。

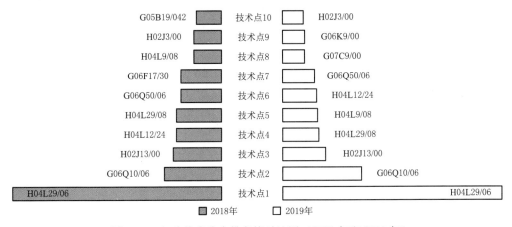

图 5-3 细分技术分支排名榜对比图（2018 年和 2019 年）

2019 年居于排名榜的新增技术点包括 G07C9/00（时间登记器或出勤登记器；登记或指示机器的运行；产生随机数；投票或彩票设备；未列入其他类目的核算装置、系统或设备的独个输入口或输出口登记器）和 G06K9/00（用于阅读或识别印刷或书写字符或者用于识别图形，例如，指纹的方法或装置）。

跌落 2019 年排名榜的技术点包括 G06F17/30（特别适用于特定功能的数字计算设备或数据处理设备或数据处理方法）和 G05B19/042（使用数字处理装置的程序控制系统）。

可以采用 2019 年的优势细分技术分支相对于 2018 年的优势细分技术分支的变化，从细分技术分支的维度表征创新集中度的变化。从以上数据可以看出，2019 年相对于 2018 年的创新集中度整体上变化不大，2019 年相对于 2018 年的创新集中度整体上有细微变化，多数技术点仍是研究热点，局部有所调整。

## 5.3.2 全球专利分析

本章节重点从总体情况、全球地域布局、全球申请人、国外申请人和技术主题五个维度展开分析。

拟通过总体情况分析洞察网络安全技术领域在全球已申请专利的整体情况（已储备的专利情况）以及当前的专利申请活跃度，以揭示全球申请人在全球的创新集中度和创新活跃度。

通过全球地域布局分析洞察网络安全技术领域在全球的"布局红海"和"布局蓝

海"，以从地域的维度揭示创新集中度。

通过全球申请人和国外申请人分析洞察网络安全技术的专利主要持有者，主要持有者持有的专利申请总量，以及在专利申请总量上占有优势的申请人的当前专利申请活跃情况，以从申请人的维度揭示创新集中度和创新活跃度。

通过技术主题分析洞察网络安全技术的技术布局热点和热点技术的专利申请活跃度，以从技术的维度揭示创新集中度和创新活跃度。

### 5.3.2.1　总体情况分析

以电力信通领域网络安全技术为检索边界，获取七国两组织的专利数据，以此为数据基础开展总体情况分析。总体情况分析涉及含有中国专利申请总量的七国两组织数据以及不包含中国专利申请总量的国外专利数据。

如图 5 - 4 所示，近 20 年，网络安全技术领域的全球市场主体在七国两组织的专利申请总量为 10600 件。其中，包含中国的专利申请总量近 7690 件，不包含中国的专利申请总量为 2900 余件。可以采用专利申请总量表征全球申请人在网络安全技术领域的创新集中度。可见，全球申请人在包括中国在内的七国两组织的创新集中度较高，全球申请人在不包括中国的其他国家/地区的创新集中度相对较低。

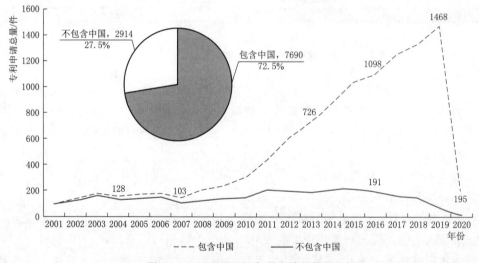

图 5 - 4　七国两组织专利申请趋势图

电力领域网络安全技术的发展大致可以分为两个阶段：第一阶段（2000—2007 年），萌芽期，该阶段的年度专利申请量在 100 件左右；第二阶段（2008 年至今），快速发展期，该阶段的年度专利申请量不断增加，2019 年的年申请量突破 1200 件。

2007 年之后，其他国家（不包含中国）专利申请增速缓慢的前提下，全球专利申请增速显著上升，中国是提高全球专利申请速度的主要贡献国。可见，全球申请人在中国的创新活跃度较高，全球申请人在不包括中国的其他国家/地区的创新活跃度相对较低。

### 5.3.2.2　全球地域布局分析

如图 5 - 5 所示，近 20 年，电力信通领域网络安全技术，全球申请人在七国两组织范围内申请的 10600 件专利中，在中国的专利申请总量为 7690，占据在七国两组织专利申请总量的 72.5%，中国是专利申请的主要目标国。

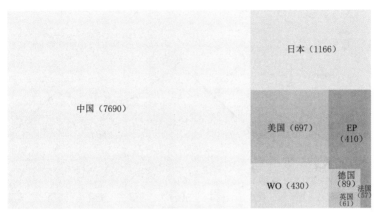

图 5-5　全球七国两组织专利地域分布图

在日本的专利申请总量位居第二，与位居第一的中国的专利申请总量具有较大差距。在美国的专利申请总量位居第三，与位居第二的日本的专利申请总量略有差距。在德国、法国、英国和瑞士的专利申请总量显著减少，不足百件。

从以上的数据可以看出，当前，中国是网络安全技术的"布局红海"，美国和日本次之，法国、英国和瑞士是网络安全技术的"布局蓝海"。可以采用在各个国家/地区的专利申请总量，从地域的角度表征全球在网络安全技术领域的创新集中度。2009 年之后，在中国的专利申请增速显著的情况下，在中国的创新集中度较高，在日本和美国的创新集中度基本相当，但与在中国的创新集中度差距较大。

### 5.3.2.3　申请人分析

1. 全球申请人分析

如图 5-6 所示，从地域上看，排名前 10 的申请人均为中国申请人。国家电网有限公司，以 2664 件的专利申请总量遥遥领先于居于排名榜上的其他申请人。中国电力科学研究院有限公司，以 339 件的专利申请总量居于排名榜的第二名，国网江苏省电力有限公司的专利申请总量 232 件，与居于第二名的中国电力科学研究院有限公司的专利申请总量略有差距。

可以采用居于排名榜上的申请人的专利申请总量，从申请人（创新主体）的维度揭示创新集中度，采用申请人的专利申请活跃度揭示创新活跃度。专利申请活跃度高于 60% 的申请人 5 家，其他 5 家申请人活跃度处于 50% 左右。整体上看，在中国专利申请总量相对于其他国家/地区的专利申请总量表现突出的情况下，中国专利申请人的创新集中度和创新活跃度均较高。

2. 国外申请人分析

如图 5-7 所示，从地域上看，居于排名榜上的外国申请人主要来自日本（东芝公司、松下电器、日立公司、索尼公司、三菱电机株式会社、日本电气株式会社、日本中国电力株式会社、佳能公司和富士电机株式会社），有 1 个来自德国（西门子公司）。东芝公司以 108 件的专利申请总量居于榜首，松下电器的专利申请总量（99 件）居于第二名。日立公司的专利申请总量（84 件）居于第三名，其他榜上申请人的专利申请总量基本分布在 40～80 件。

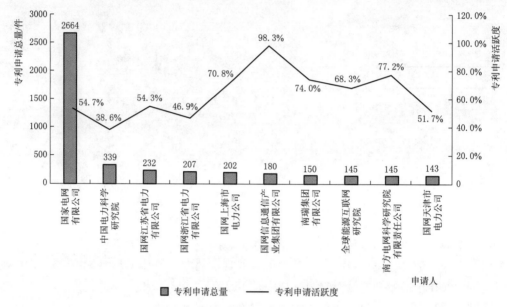

图 5-6　全球申请人申请量及活跃度分布图

整体上看，外国申请人中，日本申请人的创新集中度最高。整体创新活跃度相对较低，除两家公司高于 20%，其他八家均低于 20%。

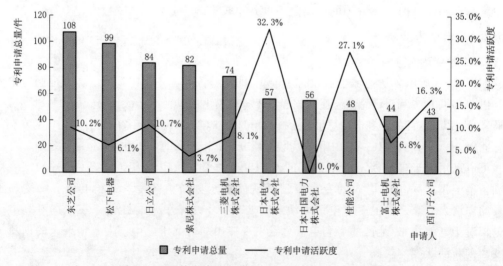

图 5-7　国外申请人全球专利申请量及活跃度分布图

### 5.3.2.4　技术主题分析

采用国际分类号 IPC（聚焦至小组）表征网络安全技术的细分技术分支。首先，从专利申请总量排名前 10 的细分技术分支近 20 年的专利申请态势，洞察未来专利申请的趋势。其次，从各细分技术分支对应的专利申请总量和专利申请活跃度两个维度，对比不同细分技术分支之间的差异。

如图 5-8 以及表 5-6 所示，从时间轴（横向）看各细分技术分支的专利申请量逐年变化趋势可知：

表 5-6                           IPC 含义及全球专利申请量

| IPC | 含　义 | 专利申请量/件 |
|---|---|---|
| H04L29/06 | 以协议为特征的数字信息传输 | 1100 |
| H02J13/00 | 对网络情况提供远距离指示的电路装置 | 442 |
| G06Q10/06 | 资源、工作流、人员或项目管理，例如组织、规划、调度或分配时间、人员或机器资源；企业规划；组织模型 | 393 |
| G06Q50/06 | 电力、天然气或水供应 | 330 |
| H04L29/08 | 数字信息传输的传输控制规程 | 262 |
| H04L12/24 | 数字信息传输中用于维护或管理的装置 | 253 |

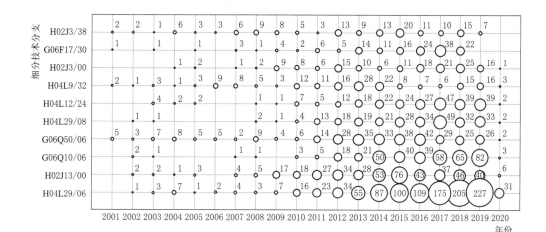

图 5-8　细分技术分支的专利申请趋势图

每一 IPC 分类号对应的细分技术分支的专利申请量随着时间的推移均呈现出增长的态势。其中，专利申请总量位于榜首的 H04L29/06（以协议为特征的数字信息传输）的专利申请起步于 2002，自 2010 年开始至今呈现出持续增长的态势，而且专利申请的增长速度较快。

专利申请总量位于第二的 H02J13/00（对网络情况提供远距离指示的电路装置）的专利申请起步于 2002 年，自 2008 年至今也呈现出持续增长的态势，但是，专利申请的总量及增长速度较 H04L29/06 略低。

专利申请量位于第三的 G06Q10/06（资源、工作流、人员或项目管理，例如组织、规划、调度或分配时间、人员或机器资源；企业规划；组织模型）的专利申请起步于2001 年，较专利申请总量位于第一的 H04L29/06 以及专利申请总量位于第二的 H02J13/

00 的起步稍晚。但是申请量 2011 年以来每年均呈增长态势。

对比不同 IPC 对应的年度专利申请量的变化，以洞察不同细分技术分支的发展差异，可知：专利申请总量排名前三的 H04L29/06、H02J13/00 和 G06Q10/06 无论从总的申请量还是近几年的活跃程度来看都处于领先地位，预估未来还会呈现出持续增长的趋势。

如图 5-9 所示，从专利申请总量看各细分技术分支的差异：

居于排名榜上的细分技术分支的专利申请总量大体可以划分为三个梯队。分别是专利申请总量超过 1000 件的第一梯队、专利申请总量处于 300～500 件的第二梯队，以及专利申请总量不足 200 的第三梯队。处于第一梯队的细分技术分支的数量为 1 个，具体涉及 H04L29/06（以协议为特征的数字信息传输）。处于第二梯队的细分技术分支的数量为 3 个，具体涉及 H02J13/00（对网络情况提供远距离指示的电路装置）、G06Q10/06（资源、工作流、人员或项目管理，例如组织、规划、调度或分配时间、人员或机器资源；企业规划；组织模型）、G06Q50/06（电力、天然气或水供应）。处于第三梯队的细分技术分支的数量为 6 个。

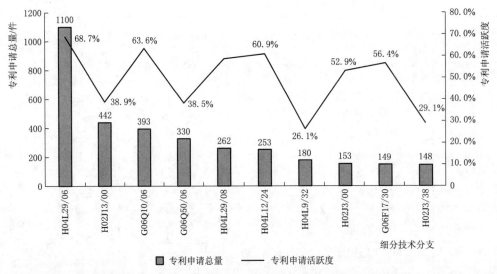

图 5-9  细分技术分支的专利申请总量及活跃度分布图

从专利申请活跃度看各细分技术分支的差异：

处于第一梯队的细分技术分支的专利申请活跃度最高 H04L29/06（以协议为特征的数字信息传输），其次是第二梯队的 G06Q10/06 细分技术活跃度较高。从以上数据可以看出，网络安全技术应用在"以协议为特征的数字信息传输""资源、工作流、人员或项目管理，例如组织、规划、调度或分配时间、人员或机器资源；企业规划；组织模型"是当前的布局热点创新集中度和创新活跃度均较高。

## 5.3.3  中国专利分析

本节重点从总体情况、申请人、技术主题、专利质量和专利运用五个维度开展分析。

通过总体情况分析洞察网络安全技术在中国已申请专利的整体情况以及当前的专利

申请活跃度，以重点揭示全球申请人在中国的创新集中度和创新活跃度。

通过申请人分析洞察网络安全技术的专利主要持有者，主要持有者的专利申请总量，以及在专利申请总量上占有优势的申请人的当前专利申请活跃度情况，以从申请人的维度揭示创新集中度和创新活跃度。

通过技术主题分析洞察网络安全技术的技术布局热点和热点技术的专利申请活跃度，以从技术的维度揭示创新集中度和创新活跃度。

通过专利质量分析洞察创新价值度，并进一步通过高质量专利的优势申请人分析以洞察高质量专利的主要持有者，通过专利运营分析洞察创新开放度。

### 5.3.3.1 总体情况分析

以电力信通领域网络安全技术为检索边界，获取在中国申请的专利数据，总体情况分析涉及总体（包括发明和实用新型）申请趋势、发明专利的申请趋势和实用新型专利的申请趋势。

如图 5-10 所示，近 20 年，电力信通领域网络安全技术领域全球市场主体在中国的专利申请总量 7690 件。从专利申请趋势看，总体可以划分为两个阶段，分别是萌芽期（2002—2007 年）和快速增长期（2008 年至今）。自 2007 年之后，专利申请量增长迅速，2009 年申请量接近 100 件，在 2019 年专利申请量突破了 1100 件。在上述两个阶段，均主要以发明专利申请为主，实用新型专利的年度申请数量少且增速缓慢。虽然自 2019 年至今呈现出趋于平稳后的下降态势，但该现象是由专利申请后的公开滞后性导致。

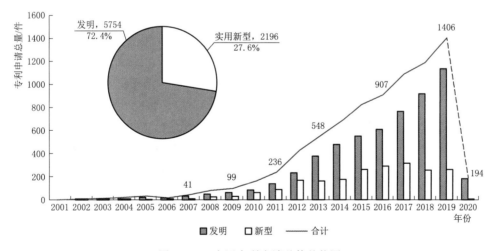

图 5-10　中国专利申请总体趋势图

从专利申请类型来看，中国电力信息通信网络安全技术的专利申请主要以发明专利为主，发明专利 5754 件，占中国申请总量的 72.4%；实用新型专利 2196 件，占中国总申请量的 27.6%。

可以采用中国专利申请活跃度表征中国在网络安全技术领域的创新活跃度，从以上数据可以看出，当前中国在网络安全技术领域的创新活跃度较高。

### 5.3.3.2 申请人分析

**1. 申请人综合分析**

如图 5-11 所示，从专利申请总量看，国家电网有限公司居于榜首，专利申请总量为 2664 件。中国电力科学研究院有限公司居于第二名，专利申请总量为 339 件，与位于榜首的国家电网有限公司差距较大。国网江苏省电力有限公司位于第三名，专利申请总量为 232 件，与位于第二名的中国电力科学研究院有限公司差距较小。

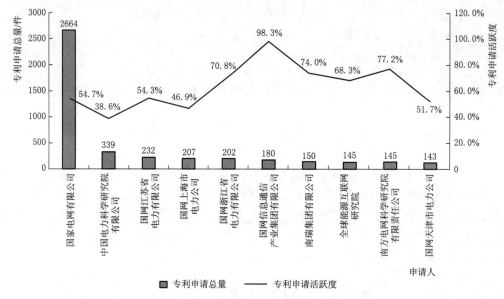

图 5-11　中国专利申请人申请量及申请活跃度分布图

从活跃度角度来看，居于排名榜上的申请人的专利申请活跃度的均值为 63.5%。将专利申请活跃度高于 90% 定义为第一梯队，位于 60% 和 90% 之间的定义为第二梯队，低于 60% 的定义为第三梯队。位于第一梯队的专利申请人的数量为 1 个，是国网信息通信产业集团有限公司，专利申请活跃度为 98.3%。位于第二梯队的专利申请人的数量为 4 个，具体为国网浙江省电力有限公司（70.8%）、南瑞集团有限公司（74.0%）、全球能源互联网研究院（68.3%）和南方电网科学研究院有限责任公司（77.2%）。位于第三梯队的专利申请人的数量为 5 个，专利活跃度集中在 50% 左右。

在申请人属性方面，排名前 10 的申请人均属于网内申请人，7 家电力企业以及 3 个电网企业相关的研究院。

可以采用申请人的专利申请总量，从申请人（创新主体）的维度揭示创新集中度，采用申请人近五年的专利申请活跃度揭示申请人的当前创新活跃度。从以上的数据可以看出，电力领域网络安全技术在网内专利申请人的创新集中度相对于其他专利申请人的创新集中度高，供电企业和电力科研院整体的创新活跃度也相对较高。

**2. 国外申请人分析**

整体上看，在中国进行专利申请（布局）的国外申请人的数量较少，而且，在中国已进行专利申请的国外申请人的专利申请数量也比较少。

如图5-12所示，在专利申请总量方面，三星电子株式会社专利申请总量居于榜首，专利申请总量均为12件。西门子公司的专利申请总量5件，位居第二位。ABB技术公司和LG电子公司的专利申请总量为4件，位居第三位。专利申请总量位于其后的其他申请主体的专利申请总量多数分布在2~3件。

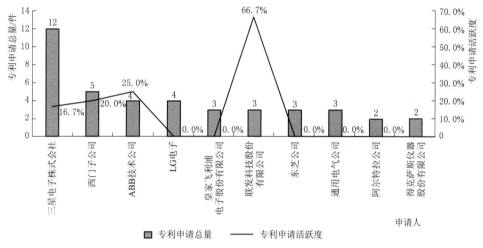

图5-12 国外申请人在中国专利申请量及申请活跃度分布图

在申请人所属国别方面，来自美国和韩国的申请人各有4个和3个，其他申请人来自日本、德国等地。

在专利申请活跃度方面，从事芯片业务的联发科技股份有限公司的专利申请活跃度最高，为66.7%，三星电子株式会社的专利申请活跃度为16.7%，西门子公司的专利申请活跃度为20.0%，ABB技术公司的专利申请活跃度为25.0%，其他申请人的专利申请活跃度均为0。

从以上的数据可以看出，国外申请人在中国的专利申请总量相对于中国本土申请在中国的专利申请总量有一定的差距。在专利申请总量方面未形成集中优势。除涉及芯片业务的联发科技股份有限公司外，其他国外申请人近五年在电力领域网络安全技术的创新活跃度比较低。整体上看，国外申请人在中国的创新集中度以及创新活跃度相对于中国本土申请人在中国的创新集中度和创新活跃度均较低。

**3. 供电企业分析**

如图5-13所示，在专利申请总量方面，国家电网有限公司的专利申请总量居于榜首，专利申请总量为2664件，远远领先于其他申请人的专利申请总量。国网江苏省电力有限公司的专利申请总量居于第二名，专利申请总量为232件。国网上海市电力公司的专利申请总量位居第三名，专利申请总量为207件。位于国网上海市电力公司之后的其他申请人的专利申请总量位于100~200件之间。

在专利申请活跃度方面，将专利申请活跃度高于90%定义为第一梯队，介于60%和90%之间的定义为第二梯队，低于60%的定义为第三梯队。其中，位于第一梯队的专利申请人的数量为 3 个，具体为广东电网有限责任公司（98.3％）、国网信息通信产业集团有限公司（100.0％）和深圳市供电局有限公司（90.7％）。位于第二梯队的专利申请人的数量为 3 个，具体涉及国网浙江省电力有限公司（70.8％）、国网天津市电力公司（77.2％）、中国南方电网有限责任公司（80.2％）和国网福建省电力有限公司（67.0％）。位于第三梯队的专利申请人的数量为 3 个，具体涉及国家电网有限公司（54.7％）、国网江苏省电力有限公司（54.3％）和国网上海市电力公司（46.9％），专利申请活跃度集中在 50％左右。

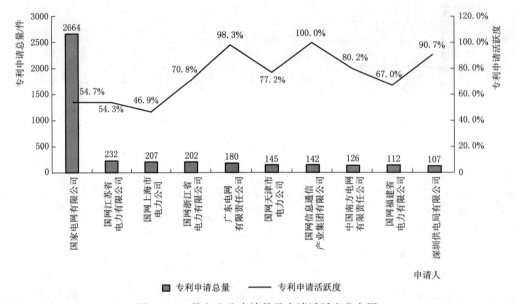

图 5-13 供电企业申请量及申请活跃度分布图

可以采用供电企业的专利申请总量，从申请人（创新主体）的维度揭示创新集中度，采用居于排名榜上的供电企业的专利申请活跃度揭示供电企业的当前创新活跃度。整体上看，供电企业在中国的创新集中度和创新活跃度均较高。

**4. 非供电企业分析**

如图 5-14 所示，国内非供电企业申请人持有的专利申请总量与供电企业申请人持有的专利申请总量相比差距显著，居于排名榜上的网外申请人持有的专利申请总量最高 150 件，其余均低于 123 件。

在专利申请总量方面，南瑞集团有限公司居于榜首，专利申请总量为 150 件。国电南瑞科技股份有限公司紧随其后，专利申请总量为 123 件，与第一名有一定差距。排名第三和第四名的是南京南瑞信息通信科技有限公司和南京南瑞继保电气有限公司，专利申请总量分别为 66 件和 55 件。

在专利申请活跃度方面，将专利申请活跃度高于 80％定义为第一梯队，介于 60％和 80％之间的定义为第二梯队，低于 60％的定义为第三梯队。第一梯队的专利申请人的数量为 3 个，具体为南京南瑞信息通信科技有限公司（81.8％）、北京智芯微电子科技有限公司（98.1％）、安徽继远软件有限公司（95.1％）；位于第二梯队的专利申请人的数量为 6 个，具体涉及南瑞集团有限公司（74.0%），位于第三梯队的专利申请人数量为 1 个，具体涉及国电南瑞科技股份有限公司（56.9%）。

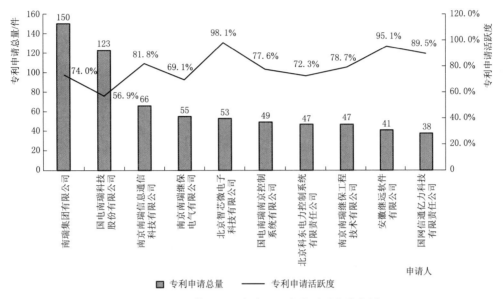

图 5-14 非供电企业申请量及申请活跃度分布图

从以上的数据可以看出，国内网外非供电企业申请人在中国的专利申请总量相对于供电企业专利申请总量差距显著，数量上远少于类似国家电网有限公司、电力公司等供电企业，在专利申请总量方面未形成集中优势。但是，国内非供电企业申请人近五年在电力领域网络安全技术的创新活跃度与网内供电企业申请人相比没有明显差距。整体上看相对于供电企业来说，非供电企业的创新活跃度较高、创新集中度较低。

5. 电力科研院分析

如图 5-15 所示，在专利申请总量方面，与其他类型的申请人相比，电科院申请人持有的专利申请总量与国内供电企业申请人持有的专利申请总量相比，特别是与国家电网有限公司相比差距显著，但高于其他类型申请人持有的专利申请总量。居于排名榜上的电科院专利申请人，除中国电力科学研究院有限公司和南方电网科学研究院有限公司外，其他电科院申请人持有的专利申请总量基本上分布在 100 件以内。中国电力科学研究院有限公司居于榜首，专利申请总量为 339 件，排名第二和第三名的申请人南方电网科学研究院有限责任公司和广东电网公司电力科学研究院，申请量分别为 145 和 80 件。

在专利申请活跃度方面，将专利申请活跃度高于 80% 定义为第一梯队，位于 60% 和 80% 之间的定义为第二梯队，低于 60% 的定义为第三梯队。位于第一梯队的专利申请人的数量为 3 个，具体涉及云南电网公司电力科学研究院（86.8%）、国网浙江省电力公司电力科学研究院（84.2%）和国网江苏省电力公司电力科学研究院（81.0%）。位于第二梯队的专利申请人的数量为 4 个，分别为国网山东省电力公司电力科学研究院（64.9%）、南方电网科学研究院有限责任公司（77.2%）、广西电网公司电力科学研究院（68.8%）和国网冀北电力公司电力科学研究院（65.7%）。

位于第三梯队的专利申请人的数量为 3 个，分别为中国电力科学研究院有限公司、广东电网公司电力科学研究院（40.0%）和国网电力科学研究院有限公司（2.4%）。

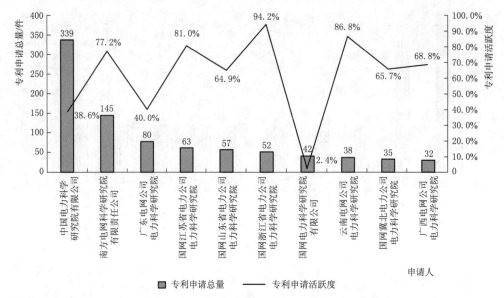

图 5-15  电力科研院申请量及申请活跃度分布图

从以上的数据可以看出，电力科研院在中国的专利申请总量方面形成了一定的集中优势，而且，电科院申请人近五年在电力领域网络安全技术的整体创新活跃度与其他类型申请人相比略高。从以上的数据可以看出，电力科研院在中国的创新集中度较供电企业低，较非供电企业高；电力科研院整体的创新活跃度较供电企业和非供电企业均较高。

6. 高等院校分析

如图 5-16 所示，高校申请人持有的专利申请总量与供电企业申请人持有的专利申请总量相比差距明显，数量上也少于电科院等研发机构，与非供电企业申请人持有的专利申请总量相比差距不明显。

在专利申请总量方面，华北电力大学居于榜首，专利申请总量为 59 件，武汉大学居于第二名，专利申请总量为 39 件，东南大学和天津大学居于第三名，专利申请总量均为 35 件，其他大学申请人的专利申请总量在 17～31 件之间。

在专利申请活跃度方面，将专利申请活跃度高于 80% 定义为第一梯队，位于 60% 和 80% 之间的定义为第二梯队，低于 60% 的定义为第三梯队。位于第一梯队的专利申请人的数量为 2 个，具体为武汉大学和北京邮电大学。位于第二梯队的专利申请人的数量为 4 个，具体为华北电力大学、天津大学、东南大学和浙江大学。位于第三梯队的专利申请人的数量为 4 个，具体涉及清华大学、上海交通大学、电子科技大学和河海大学。

从以上的数据可以看出，高校申请人在中国的专利申请总量相对于国内供电企业在中国的专利申请总量差距明显，在专利申请总量方面未形成集中优势。整体来看，与其他类型申请人相比高校申请人在电力网络安全技术领域的创新集中度较低，创新活跃度与其他申请人相差不大。

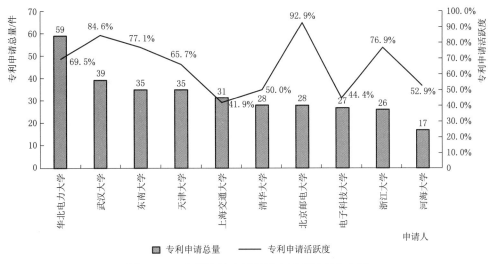

图 5-16　高等院校申请量及申请活跃度分布图

### 5.3.3.3　技术主题分析

1. 主要技术分支分析

采用国际分类号 IPC（聚焦至小组）表征网络安全技术的细分技术分支。首先，从专利申请总量排名前 10 的细分技术分支近 20 年的专利申请态势，洞察未来专利申请的趋势；其次，从各细分技术分支对应的专利申请总量和专利申请活跃度两个维度，对比不同细分技术分支之间的差异。

如图 5-17 及表 5-7 所示，从时间轴（横向）看各细分技术分支的专利申请变化可知：

每一细分技术分支的专利申请量随着时间的推移均呈现出增长的态势。专利申请总量位于榜首的 H04L29/06（以协议为特征的数字信息传输）的专利申请起步于 2004 年，虽然，相对于其他细分技术分支的起步较晚，但是，自 2010 年开始至今呈现出持续增长的态势，而且专利申请的增长速度较快。

专利申请总量位于第二的 H02J13/00（对网络情况提供远距离指示的电路装置）的专利申请起步于 2004 年，自 2009 年至今也呈现出持续增长的态势，但是，专利申请的增长速度较 H04L29/06 略低。

表 5-7　　　　　　　　　　　IPC 含义及中国专利申请量

| IPC | 含　　义 | 专利申请量 |
| --- | --- | --- |
| H04L29/06 | 以协议为特征的数字信息传输 | 1011 |
| H02J13/00 | 对网络情况提供远距离指示的电路装置 | 369 |
| G06Q10/06 | 资源、工作流、人员或项目管理，例如组织、规划、调度或分配时间、人员或机器资源；企业规划；组织模型 | 366 |
| H04L29/08 | 数字信息传输的传输控制规程 | 228 |
| H04L12/24 | 数字信息传输中用于维护或管理的装置 | 226 |
| G06Q50/06 | 电力、天然气或水供应 | 152 |

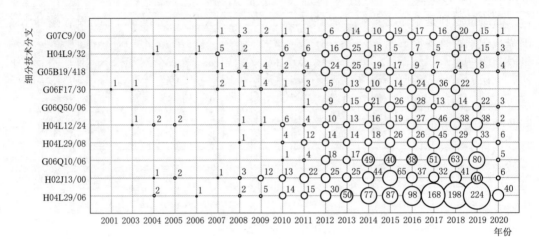

图 5-17　细分技术分支的专利申请趋势图

专利申请量位于第三的 G06Q10/06（资源、工作流、人员或项目管理，例如组织、规划、调度或分配时间、人员或机器资源；企业规划；组织模型）的专利申请起步于 2010 年，较专利申请总量位于第一的 H04L29/06 以及专利申请总量位于第二的 H02J13/00 的起步晚，但 2012 年以来申请数量呈明显增长态势。

对比不同 IPC 对应的年度专利申请量的变化，以洞察不同细分技术分支的发展差异，可知：专利申请总量排名前三的 H04L29/06、H02J13/006 和 G06Q10/06 无论从总的申请量还是近几年的活跃程度来看都处于领先地位，可以预估未来还会呈现出持续增长的趋势。

从以上数据可以看出，电力领域网络安全技术应用在"以协议为特征"中是当前的布局热点，在上述细分技术分支的创新集中度和创新活跃度均较高。

**2. 电力网络安全技术领域关键词云分析**

如图 5-18 所示，对网络安全技术近 5 年（2015—2020 年）的高频关键词进行分析，可以发现服务器、变电站、数据库、防火墙等是核心的关键词。在电力行业涉及网络安全技术的主要应用载体为变电站、配电网、数据中心、管理系统、继电保护等电力设备。电力网络安全涉及电网安全和数据网络安全。网络安全涉及的主要性能指标包括稳定性、可靠性、有效性、可视化等。涉及数据通信的网络安全重点主要在于数据库、防火墙、交换机、客户端、服务器、数据中心、管理系统等网络节点的安全性。

图 5-18　网络安全技术近 5 年
（2015—2020 年）高频关键词云图

#### 5.3.3.4 专利质量分析

高质量专利是企业重要的战略性无形资产，是企业创新成果价值的重要载体，通常围绕某一特定技术形成彼此联系、相互配套的技术经过申请获得授权的专利集合。高质量专利应当在空间布局、技术布局、时间布局或地域布局等多个维度有所体现。

采用用于评价专利质量的综合指标体系评价专利质量，该综合指标体系从技术价值、法律价值、市场价值、战略价值和经济价值五个维度对专利进行综合评价，获得每一专利的综合评价分值；以星级表示专利的质量高低，5 星级代表质量最高，1 星级代表质量最低，将 4 星级及以上定义为高质量的专利，将 1～2.5 星的专利定义为低质量专利。

通过专利质量分析，企业可以在了解整个行业技术环境、竞争对手信息、专利热点、专利价值分布等信息的基础上，一方面识别竞争对手的重要专利布局，发现战略机遇，识别专利风险，另一方面也可以结合自身的经营战略和诉求，更高效地进行专利规划和布局，积累高质量的专利组合资产，提升企业的核心竞争力。

如图 5-19 所示，网络安全技术专利质量表现一般。高质量专利（4 星及以上的专利）占比为 10.8%，而且上述高质量专利中，5 星级专利仅占 0.9%。如果将 1～2.5 星的专利定义为低质量专利，可以看到 76.5% 的专利为低质量专利。

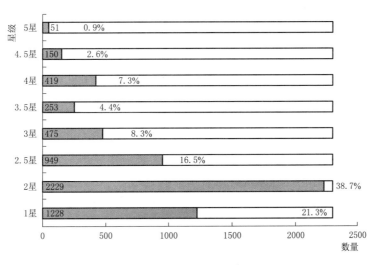

图 5-19 专利质量分布图

可以采用专利质量表征中国在网络安全技术领域的创新价值度，从以上数据可以看出，当前中国在网络安全技术领域的创新价值度不高。

如图 5-20 所示，进一步地，对上述 10.8% 的高质量专利的申请人进行分析，结果如下：

国家电网有限公司持有的高质量专利数量较多，其拥有的高质量专利数量遥遥领先于同领域的其他创新主体，达到 201 件。从创新主体的类型看，高质量专利主要分布在供电企业、电力科研院，典型的供电企业和电力科研院包括国家电网有限公司、中国电力科学研究院有限公司和国网江苏省电力有限公司。除了供电企业，高质量专利持有人还包括全球能源互联网研究院和南瑞集团及子公司国电南瑞科技等非供电企业。

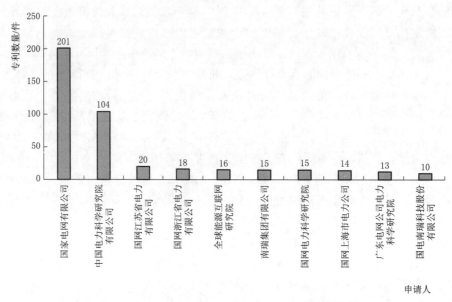

图 5-20　网络安全技术高质量专利中申请人分布图

总体而言，在网络安全技术领域的创新价值度整体不高的大环境下，供电企业、电力科研院表现出较高创新价值度。

### 5.3.3.5　专利运营分析

专利运营分析的目的是洞察该领域的申请人对专利显性价值（显性价值即为市场主体利用专利实际获得的现金流）的实现路径，以及不同的显性价值实现路径下，优势申请人和不同类型的申请人选择的路径的区别等。通过上述分析，可为电力通信领域申请人在专利运营方面提供借鉴。

通过初步分析发现，专利转让是申请人最为热衷的专利价值实现路径，申请人对专利许可和专利质押路径的热衷度基本一致。

通过初步分析还发现，居于专利转让排名榜上的申请人主要为供电企业和电力科研院。居于专利质押排名榜上的申请人主要为非供电企业。居于专利许可排名榜上的申请人主要为非电网企业、高等院校和个人。

1. 专利转让分析

如图 5-21 所示，供电企业是实施专利转让路径的主要市场主体。按照专利转让数量由高至低进行排名，发现排名前 10 的市场主体中主要为供电企业和电力科研院。供电企业中，国家电网有限公司的专利转让数量达 139 件，居于榜首，中国电力科学研究院有限公司位居第二名，转让数量为 94 件，其他供电企业和电力科研院的专利转让的数量与前两名申请人的专利转让数量相比差距较大，专利转让数量不足 30 件的申请人包括 8 个，分别是国网上海市电力公司、国网信息通信产业集团有限公司、北京国电通网络技术有限公司、南瑞集团有限公司、国网浙江省电力有限公司、国网江苏省电力有限公司和全球能源互联网研究院。

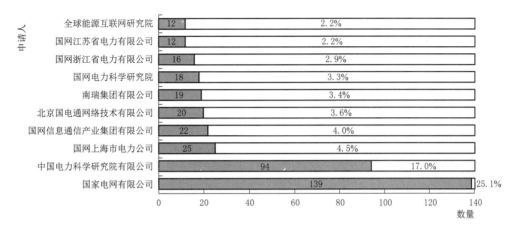

图 5-21 专利转让市场主体排名

可以采用专利转让表征中国在网络安全技术领域的创新开放度的特征之一，从以上数据可以看出，目前中国在网络安全技术领域的创新开放度较低。

2. 专利质押分析

专利质押情况列表见表 5-8，可知专利质押的数量相对于专利转让的数量较少，截止到现在，专利质押的数量仅为 9 件。出质人主要集中在非供电企业。有三家企业曾经二次质押。从出质时间看，主要集中在近 3～5 年。

表 5-8 　　　　　　　　　　　专 利 质 押 情 况 列 表

| 出　质　人 | 出质专利数量 | 出质时间 |
|---|---|---|
| 内蒙古云科数据服务有限公司 | 1 | 2019 年 |
| 青岛诺亚信息技术有限公司 | 1 | 2016 年、2017 年 |
| 济南大陆机电股份有限公司 | 1 | 2016 年、2018 年 |
| 江阴长仪集团有限公司 | 1 | 2019 年 |
| 无锡威峰科技有限公司 | 1 | 2019 年 |
| 江苏斯菲尔电气股份有限公司 | 1 | 2020 年 |
| 北京博雅英杰科技股份有限公司 | 1 | 2017 年 |
| 北京海泰方圆科技有限公司 | 1 | 2012 年 |
| 陕西银河电力仪表股份有限公司 | 1 | 2010 年、2015 年 |

3. 专利许可分析

专利许可情况列表见表 5-9，可知专利许可的数量相对于专利转让的数量较少，与专利质押的专利数量相当，截止到现在，专利许可的数量仅为 7 件。许可人中 1 位专利申请人为大学，其余许可人为电网企业或电科院等机构申请人。许可时间，集中在 2010—2019 年期间。

表 5 - 9 专利许可情况列表

| 许 可 人 | 被 许 可 人 | 许可次数 | 许可专利量 | 许可生效日期/（年．月．日） |
|---|---|---|---|---|
| 山东电力集团公司电力科学研究院、国家电网有限公司 | 国网智能科技股份有限公司 | 1 | 1 | 2019.10.14 |
| 山东电力集团公司电力科学研究院、国家电网有限公司 | 国网智能科技股份有限公司 | 1 | 1 | 2019.10.14 |
| 哈尔滨电工仪表研究所 | 中电装备山东电子有限公司 | 1 | 1 | 2012.12.26 |
| 国电南京自动化股份有限公司；中国南方电网有限责任公司超高压输电公司 | 南京国电南自电网自动化有限公司 | 1 | 1 | 2012.09.11 |
| 中国电力科学研究院有限公司 | 中电普瑞电力工程有限公司 | 1 | 1 | 2011.07.08 |
| 长沙理工大学 | 南京大全电器有限公司 | 1 | 1 | 2010.06.08 |
| 长沙理工大学 | 中铁二十五局集团电务工程有限公司 | 1 | 1 | 2010.07.08 |

## 5.3.4 主要结论

### 5.3.4.1 基于近两年对比分析的结论

在全球范围内整体上专利公开量增长率呈下降趋势，各个国家/地区的 2019 年专利公开量增长率低于 2018 年（日本和英国除外）。在全球范围内，2019 年的创新活跃度较 2018 年的创新活跃度低。

2019 年新晋级至排名榜上的供电企业包括南瑞集团有限公司和中国南方电网有限责任公司。整体上讲，2019 年相对于 2018 年，在网络安全技术领域的技术集中度整体上无变化，局部有调整。

同时位于 2019 年排名榜和 2018 年排名榜上的技术点有 8 个。2019 年新增技术点包括 G06K9/00（网络安全应用在"音频输入输出处理技术"）和 G07C9/00（网络安全应用在"但输入口登记器，比如门禁等"）。从以上数据可以看出，2019 年相对于 2018 年的创新集中度整体上有细微变化，多数技术点仍是研究热点。

### 5.3.4.2 基于全球专利分析的结论

在七国两组织范围内，电力信通领域网络安全技术已经累计申请了 10600 件专利。从近 20 年的申请趋势看，经历了萌芽期、缓慢增长期，当前处在快速增长期。当前除中国外的其他国家/地区的专利申请的增长速度放缓，而中国的专利申请的增长速度较高。

从地域布局看，在中国的专利申请总量占据在七国两组织专利申请总量的 74.3%。在日本和美国的专利申请总量次之，当前中国是网络安全技术的"布局红海"，日本和美国次之。日本申请人的创新集中度最高、创新活跃度相对较低。

从活跃度上看居于排名榜上的细分技术分支的专利申请变化，细分技术 H04L29/06（以协议为特征的数字信息传输）和 G06Q10/06（资源、工作流、人员或项目管理，例如组织、规划、调度或分配时间、人员或机器资源；企业规划；组织模型）当前申请活跃。

### 5.3.4.3　基于中国专利分析的结论

在中国范围内，电力信通领域网络安全技术已经累计申请了 7960 余件专利。从近 20 年的申请趋势看，当前处在快速增长期。

从国外申请人看，申请人所属国别方面，国外申请人在中国的创新集中度和创新活跃度相对于中国本土申请人在中国的创新集中度和创新活跃度均低。

在供电企业方面，从专利申请总量看，国家电网有限公司以 2664 件的专利申请总量居于榜首。广东电网有限责任公司、深圳供电局有限公司和国网福建省电力有限公司申请活跃度超过 90%。供电企业在中国的创新集中度和创新活跃度均较高。

在非供电企业方面，非供电企业持有的专利申请总量与供电企业持有的专利申请总量相比较少。非供电企业在中国的创新集中度相对于供电企业的创新集中度和创新活跃度均较低。

在电力科研院方面，电力科研院持有的专利申请总量较供电企业持有的专利申请总量少。较非供电企业持有的专利申请总量多。排名榜上的电科院专利申请人（除中国电力科学研究院和南方电网科学研究院有限公司外）持有的专利申请总量基本上分布在 100 件以内。整体来说电力科研院的创新集中度和创新活跃度均较高。

在高等院校方面，整体上看，高等院校持有的专利申请总量较供电企业持有的专利申请总量少，与电力科研院持有的专利申请总量基本持平，较非供电企业申请人持有的专利申请总量多。高等院校的创新集中度相对于供电企业相对于非供电企业较高；创新活跃度与其他申请人相当。

在中国范围内，从时间轴看居于排名榜上的细分技术分支的专利申请变化，居于排名榜上的细分技术分支的专利申请量随着时间的推移均呈现出增长的态势。专利申请总量排名第一的细分技术分支（以协议为特征的数字信息传输）和排名第二的细分技术分支（对网络情况提供远距离指示的电路装置）创新活跃度均较高。

从专利质量看，高质量专利占比为 10.8%，当前中国在网络安全技术领域的创新价值度不高。

从专利运营来看，专利转让是申请人最为热衷的专利价值实现路径，申请人对专利许可和专利质押路径的热衷度不高，专利许可和专利质押的专利数量均在 10 件左右。供电企业、电力科研院和高等院校是实施专利转让路径的主要市场主体。专利质押和专利许可的数量相对于专利转让的数量较少。中国在网络安全技术领域的创新开放度整体较低的大环境下，供电企业、电力科研院和高等院校的创新开放度相对较高。

# 第6章
# 新技术产品及应用解决方案

## 6.1 安全防护体系类

### 6.1.1 T‒Sec网络入侵防护系统

#### 6.1.1.1 方案介绍

T‒Sec网络入侵防护系统（也称"天幕"系统）通过旁路部署，提供双向流量逐包检测和攻击封禁，以应对云平台或工控网络的安全监管和治理问题。该系统可通过流量分析、行为建模和机器学习技术的应用，对网络中的异常或恶意行为进行快速识别和判定；并通过实时阻断功能，实现快速阻断攻击流量的效果，在大型网络环境中，还可通过情报共享实现一点监测、全网阻断的效果。区别于传统网络入侵防御系统需要串接在网络中，"天幕"系统旁路部署使其可以更灵活地适配不同的网络结构，实现不断网灵活上线，并且能够通过攻击封禁接口与现有的安全监测设备形成联动，具备更加灵活高效的防御和响应能力。经过近20年的安全技术积累，"天幕"系统经过了海量实时数据、高业务稳定要求，以及跨地域复杂网络环境的考验，是产业互联网实践过程中，应对大数据、高可靠和异构环境的有效入侵防护系统。T‒Sec网络入侵防护系统架构图如图6‒1所示。

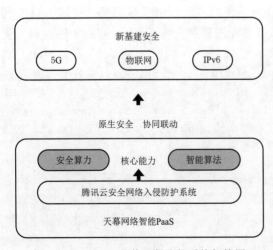

图6‒1 T‒Sec网络入侵防护系统架构图

该系统通过旁路部署的方式，从网络核心交换设备上获取镜像流量，可以无变更、无侵入地对网络四、七层协议数据包会话进行实时监测和分析，并能够通过干预TCP协议握手过程，实现对所有TCP协议的旁路阻断，采取类似于IDS的部署方式，兼具IPS的实时入侵防护能力。在此基础上，天幕系统还提供阻断API，方便业界其他安全检测类产品调用，通过系统联动方式，将攻击阻断能力赋能到所有内部检测系统和运营中心，实现快速全网安全响应和处置联动。此外，该系统提供的全量网络日志存储和检索、安全告警、可视化大屏等功能，有效帮助客户解决等保合规、日志审计、行政监管，以及云平台管控等问题。T – Sec 网络入侵防护系统整体功能示意图如图 6 – 2 所示。

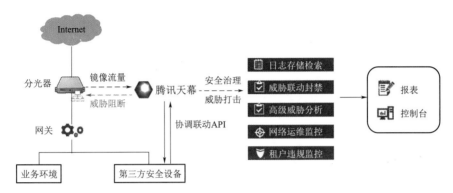

图 6 – 2 T – Sec 网络入侵防护系统整体功能示意图

作为可视化的安全防护策略模型运维平台，"天幕"系统提供了高效的网络流量分析、异常检测、访问控制和应急处置功能，为安全团队提供了可视化的管理中心和高效安全运营能力：

1. 全网流量实时监控和异常行为分析

系统可以作为流量分析的大中台，提供流量带宽分析、网络质量监控功能，针对全网出/入流量提供明细报表和相关数据指标统计和分析功能，帮助安全运营人员实时关注全网出/入流量情况并及时调整。通过对流量大数据进行智能、实时分析，可以定位用户和实体的异常行为，识别出各类已知/未知的网络安全事件，如网络攻击行为、云平台或应用违规行为、业务风险行为等，并进行安全告警和自动触发阻断处置。

2. 威胁智能检测与自动响应处置

当智能检测发现威胁时，该系统可以通过专用的阻断通讯链路，主动构建阻断数据包并分别发送至访问端和服务端，以达到封禁攻击的效果。专用的内核加速报文处理技术，使得旁路阻断成功率高达 99.99%。此外，该系统提供第三方安全设备联动防御API，将系统的阻断能力开放给 WAF、IPS、IDS、HIDS 等设备调用下发阻断，盘活现有安全设备能力，实现协同防御。

3. 多维度精细化访问控制

系统提供网络四层全局 IP（v4/v6）出入流量秒级实时封禁功能，满足监管合规、应用安全治理场景需求，支持七层出入网络流量访问控制，可精确至 Domain、URL、Referer、User – Agent、Cookie、X – Forwarded – For、Http – Method、Header 等 8 个字段的复杂访问规则配置。

4. 动态 IP 代理池智能对抗

结合团队自研 AI 算法和训练模型实现动态 IP 代理池对抗。模型实时提取和聚合相似/连续攻击行为，客户端指纹，OS 指纹差异等多维度网络包特征，提供不同于传统 IP 黑名单方式的下一代对抗不同维度的对抗技术。使得攻击者利用秒拨 IP/动态 IP 代理池构造海量攻击源，企图绕过现有 IP 封禁机制的手段彻底失效，实现对此类攻击的精准防护。

5. 安全可视化

该系统提供多维度可视化仪表盘和可视化大屏，提升安全可见性，为安全决策提供数据支撑，便于安全运维人员全面掌握系统安全状况，提高工作效率。可视化仪表盘覆盖安全检测、安全处置相关数据指标，可自定义报告内容和导出报告，满足日常安全运营日报和重保期间向上汇报等场景的需求。

6. 日志审计

该系统对标云安全等保和网络安全法要求，自动采集全协议网络流量日志，支持海量日志全文检索功能，提供不低于 180 天的日志存储时长，并能还原指定范围的日志数据，满足监管部门查询需求。

#### 6.1.1.2 功能特点

（1）采取旁路部署方式，在不影响网络和业务稳定的情况下，无变更、无侵入地集中防御网络中的所有系统，提供统一的安全防御。

（2）基于大数据分析、智能流量画像等技术，实现对网络中实体行为特征的建模分析，发现传统安全设备难以发现的异常攻击。

（3）极致的旁路阻断技术，通过对服务器的内核协议栈的定制开发，可以实现封禁 IP 成功率 99.99%，可同时下发 100 万规则。封禁接口 API 化，现有安全系统经过鉴权后可灵活调用，实现安全响应的服务化和自动化。

（4）通过对阻断策略的灵活配置，可以实现对 0day 漏洞或 CVE 的热补丁，在来不及修复漏洞时，先行阻断符合特定规则的攻击流量。

（5）针对 IPv6 时代的秒拨规模化攻击趋势，提前技术布局，开展实时提取更细粒度的行为模式进行打击，利用安全算力＋AI 算法的自动化方式实时提取网络流量中的行为模式，AI 识别刻画提取恶意画像，打破人工或自动化编排处理存在的局限性和滞后性，自动精准打击。

#### 6.1.1.3 应用成效

"天幕"系统已成功为能源、金融、政府机关、交通、公共通信等多个领域内数十家行业领军企业的产业互联网转型提供了高效、精准和智能化的安全入侵防护服务。在国家攻防演练等重大活动保障过程中，该系统作为统一联动防守方，基于 PaaS 层的安全算力算法将重保能力标准化、体系化输出，担任了全局威胁实时拦截和威胁溯源的核心重任，帮助各行业客户实现了高效协同布防、智能反制，并为行业客户带来了突破以往的优异成绩，此外，还为世界互联网大会、两会视频网络保障等重保实践提供了有力支撑。

### 6.1.2 零信任数据安全体系

#### 6.1.2.1 方案介绍

零信任数据安全体系能够根据数据敏感级别和数据访问、使用过程中的安全风险情况动态调整数据访问权限，及时阻断数据窃听、身份盗用、数据泄露等数据安全威胁，并能够在发生数据泄露事件时进行有效溯源。零信任数据安全体系架构图如图 6-3 所示。

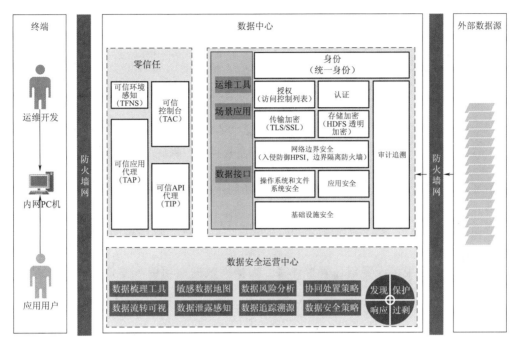

图 6-3 零信任数据安全体系架构图

随着电力企业信息化建设和应用不断深入，信息系统所产生的数据已成为公司重要资产，公司经营管理和业务模式创新对数据资源深度应用也提出了新的要求，消除数据重复存储、提高数据质量，加强全业务数据的统一管理和应用，挖掘数据资源价值已成为电力企业提高精益化管理和科学决策水平的重要工作之一。数据跨专业共享在为业务效率和数据应用带来巨大价值的同时，也带来了潜在的安全风险。针对数据中心数据集中、数据量大、数据价值大等特点的安全风险更加凸显，一旦数据被非法访问甚至泄露将导致巨大损失。数据中心在满足不同的用户访问需求时，将面临以下安全问题：

（1）数据中心建成后跨专业的数据调用大幅增加。传统基于网络边界的安全防护体系无法对应用层跨专业数据交换，提供足够的防护能力和细粒度的访问控制。

（2）数据访问请求可能来自不同的部门或者外部人员，现有的数据安全防护手段难以判定数据访问人员的身份可信度，默认信任访问用户。

（3）数据访问人员可能随时随地在不同的终端设备上发起访问，现有的数据安全防护手段难以评估访问终端的设备可信度，默认信任访问终端。

（4）访问过程中，难以有效地度量访问过程中可能发生的行为并进行持续信任评估，并根据信任程度动态调整访问权限。

（5）缺少对数据中心内部敏感数据流动监控的措施，无法详细审计敏感数据被终端用户审计的情况，对可能存在的敏感数据泄露风险难以预警。

以上安全挑战难以通过现有的静态安全措施和访问控制策略来解决。因此需要在当前数据中心网络安全防护的基础上建设零信任数据安全防护体系，完善数据中心应用层跨专业数据共享环境下的应用层安全防护和数据安全交换控制。

### 6.1.2.2 功能特点

1. 安全控制维

（1）统一身份认证：建设统一身份管理中心。统一身份管理中心对运维人员、开发人员和应用访问人员进行集中身份管理与身份认证，实现统一身份、集中认证。对所有运维、开发和业务访问人员进行统一的离线手机令牌分发和管理。

（2）统一运维门户：统一门户作为运维的统一入口，实现 B/S 大数据运维工具、堡垒机的单点登录和用户多因子身份认证；并对运维流量进行动态控制，阻断异常运维流量。

（3）终端安全环境动态感知：对运维人员、开发人员和应用使用人员的办公终端实现可信环境感知软件安装覆盖，动态感知数据访问过程中终端安全状态。

（4）建立基于动态可信评分的访问控制策略：基于各类人员身份、终端可信评分、终端数据泄露风险、人员行为风险等指标对数据中心运维和应用访问过程进行数据安全方面的监测与管控。

（5）大数据应用接入零信任管控体系：根据大数据应用接入零信任可信应用代理，并在场景侧用户终端部署可信环境感知（TESS）与终端防泄露（DLP），利用可信访问控制台根据用户终端安全评分、数据泄露风险评分和用户行为风险评分，对用户访问应用的流量进行动态访问控制，防止应用过程中敏感数据泄露。

2. 安全审计维

（1）基于镜像流量分析的应用层敏感数据识别审计：在大数据中心旁路部署应用数据安全网关设备，将大数据中心的用户访问流量镜像接入数据安全网关。利用数据安全网关的旁路审计能力，还原业务流量中的敏感数据流转过程，进行运维和应用访问过程中的敏感数据访问审计。

（2）敏感数据访问集中追溯：将企业级数据防泄露、数据安全网关、数据库审计和大数据平台审计日志接入数据安全管理与分析系统进行数据审计的集中管理和泄露溯源。

（3）关系型数据库访问审计：镜像数据中心内部关系型数据库的访问流量存到数据库审计设备进行集中审计，对审计结果输出、数据安全管理与分析系统进行集中存储与关联分析。

（4）终端数据防泄露：在运维与开发终端、应用用户终端部署终端数据防泄露软件。利用 DS-MAS 进行运维人员、开发人员和试点应用用户的终端数据防泄露集中管理，对终端上留存的敏感数据进行外发控制。

### 6.1.2.3 应用成效

该体系可在任何电力大数据中心进行推广应用，由于该系统能够根据数据敏感级别基于访问风险动态控制用户对数据的访问权限，因此适用部署于电力公司管理信息大区，面向信息内网用户提供数据共享服务的数据中心或数据中台。电网公司目前着力开展数据中台建设，各网省公司数据中心均可应用此解决方案进行数据安全防护。

## 6.1.3 电力系统网络安全大数据解决方案

### 6.1.3.1 方案介绍

电力系统网络安全大数据解决方案是结合全国电力行业的情况，通过对安全威胁和实际需求的分析，遵照 Gartner 自适应安全架构和《电力监控系统安全防护总体方案》（国能安全〔2015〕36 号）设计思路和设计原则开发设计的，目的是构建电力行业安全大脑。解决方案包括安全大数据平台、网络安全威胁感知系统、网络安全决策指挥系统和安全大数据智能响应体系四部分。

（1）安全大数据平台，具备数据采集能力、数据存储能力、计算能力和整体资源管理能力等。网络安全威胁感知系统可以在现有大数据平台上提供威胁感知模型、关联分析、机器学习等算法模型，提取出真正有效的安全事件、安全风险（资产风险、漏洞风险等）等结果，写入大数据平台存储层（ES、HDFS），并提出告警优化建议。

（2）网络安全威胁感知系统可支持第三方算法和自定义算法，通过信息开放共享模块，实现电力客户企业\单位内部、行业内的信息开放共享，并通过资产管理、漏洞管理等模块，实现对客户全网资产及脆弱性管理，构建完善的客户资产基础数据库、漏洞基础数据库。

（3）安全决策指挥系统读取网络安全威胁感知系统分析出的安全事件结果，通过安全事件发现、分析研判、响应和处置的闭环流程实现对安全事件的全过程管理，并通过应急预案管理、等级保护管理、可视化展示等模块协助日常运维管理工作。

（4）安全大数据智能响应体系关注云、网、端的自动化联动处置实现，构建行业安全大脑，在监测到全网威胁时向边界防护系统、终端安全系统、重要网络节点设备直接下发安全策略，拦截威胁扩散，必要时可下发基线扫描和威胁扫描策略，在问题发现前解决问题。

电力系统网络安全大数据解决方案的架构从网络安全大数据业务层面进行了逻辑聚类和业务分层，每个业务层根据业务功能场景进行了抽象描述，具体分为：数据源、大数据平台、网络安全威胁感知系统、网络安全决策指挥系统，主要涉及大数据处理相关的模块如图 6-4 所示。

（1）数据源。作为安全威胁信息采集的子系统，进行流量数据采集、基础设施日志采集、安全设备日志采集等，为安全大数据分析提供多种数据源。

（2）大数据平台层。提供分布式资源调度，存储和计算引擎，包括 Yarn、Spark、Kafka、ES、Flink 等。网络安全威胁感知系统通过发射任务到大数据平台的 Yarn 队列使用的计算资源，同时使用大数据平台本身提供 ES 作为数据存储；网络安全威胁感知系统将分析的结果都存储进大数据平台上。

（3）网络安全威胁感知系统。所有计算任务在已经建设的大数据平台的资源管理器中实现统一资源分配与调度，网络安全威胁感知系统能够调用网络安全大数据平台的 HBase、Hive、HDFS、ES 等数据存储资源，Spark 计算引擎、流计算引擎等计算资源。网络安全威胁感知系统的计算分析引擎，包括批流模型引擎（关联规则）、机器学习引擎、威胁感知模型、SPL 解析引擎等。

1）批流模型引擎（关联规则引擎）：支持利用拖拽交互的方式设计关联规则分析流程，支持常规的 CEP、Window、SQL 等原子分析算子，支持利用原子算子自定义组合成复杂的关联分析规则（关联规则引擎进行分析时，利用大数据平台计算引擎的计算能力，分析结果写入大数据平台存储中）。

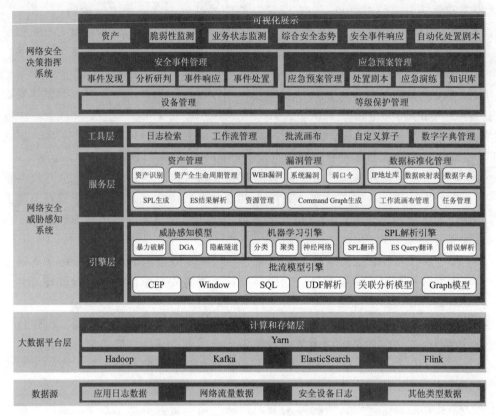

图 6-4 电力系统网络安全大数据解决方案平台架构图

2）机器学习引擎：提供机器学习算子，支持自定义复杂的机器学习流程，对流数据进行处理和分析（机器学习引擎进行分析时，利用大数据平台计算引擎的计算能力，分析结果写入大数据平台存储中）。

3）SPL 解析引擎：提供 SPL API 和批流画布两种方式进行数据解析、查询和关联分析。

4）威胁感知模型：基于批流模型引擎、机器学习引擎，通过画布可视化拖拽和参数配置的方式构建威胁感知模型，例如：暴力破解、DGA 和隐蔽隧道等。

5）日志检索中心：提供简单易用的查询语句，实现对原始日志、告警和安全事件的快捷搜索，提供对搜索结果的可视化展示。

（4）网络安全决策指挥系统。网络安全决策指挥系统可提供智能决策辅助，利用内置丰富的关联分析规则库，结合威胁情报和异常行为分析技术，可以从业务、终端、安全域等视角进行场景化的安全问题分析。通过安全事件管理、应急预案管理，实现安全事件的发现、分析、响应、处置、应急全流程，并最终以可视化形式展现资产、脆弱性监测、业务状态监测、综合安全态势、安全事件响应、自动化处置剧本，支撑管理者网络安全决策。

### 6.1.3.2 功能特点

电力系统网络安全大数据解决方案通过创新应用人工智能、大数据等信息技术构建电力行业安全大脑。

（1）人工智能技术的应用逻辑。安全大数据平台核心采用分类、聚类、神经网络、NLP、SVM、特征规则提取等核心机器学习算子，通过批流画布提供可视化的开发界面，并利用机器学习基础算子构建安全分析模型，同时内置多种机器学习分析场景模型，通过自定义部署 AI 机器学习模型，通过输入任意指标类数据进行模型训练，发现异常行为并生成安全事件与告警。

（2）大数据技术可以与电力用户既有的大数据平台进行紧密结合，全面利用其数据和计算资源，具备紧密结合、易用性、灵活性、开放性等优势。

1）紧密结合。大数据平台层提供分布式资源调度，存储和计算引擎，包括 Yarn、Spark、ES、Flink 等。网络安全威胁感知系统通过发射任务到大数据平台的 Yarn 队列使用的计算资源，同时使用大数据平台本身提供 Kafka 和 ES 作为数据存储。此外，网络安全威胁感知系统将分析的结果都存储进大数据平台上，本方案能够与大数据平台结合紧密，充分利用其技术和存储资源。

2）易用性。提供拖拽式画布，所画即所得，加快数据分析的速度；内置常用的日志解析规则、关联分析规则，加快实施效率；日志检索中心提供简单功能强大的搜索语法，支持 SPL 搜索语言，方便用户简单和快速的挖掘数据价值；后台提供智能调度和监控，提高运维效率。

3）灵活性。支持将用户处理和分析数据的 UDF 通过画布集成到数据采集、解析、关联分析的工作流中；提供包含 follow by，or follow by，having count 等基础的关联分析模板，用户可以自定义事件和关联分析模型，事件定义支持多种字段对比操作符，并支持关联外部数据库；支持批流结合的数据处理和分析模式，支持对流数据进行统一泛化处理，关联威胁情报库，打标签等常规分析；可调取第三方算法模型计算的标准结果，将结果数据与自身数据集成，支撑展示与溯源分析。

4）开放性。全面开放的架构设计可以满足不同客户不同层面的安全业务需求，满足建设非绑定的安全生态需求。

### 6.1.3.3 应用成效

目前，该解决方案已在电力公司等行业单位应用，并发挥了安全运营和降低生产风险的作用。某电力公司在 2018 年 12 月部署了该解决方案，根据国资委在《关于开展网络安全态势感知平台试点建设工作的通知》中对集团提出的相关要求，以及集团内部提高对未知威胁、APT 攻击的防护能力的要求，在各个大区总部核心交换区搭建大区级别的二级态势感知平台。在火电、风电、光伏等具体项目的公司核心交换区域部署了级潜伏威胁探针，将所采集的数据转发到区域级二级（大区级）平台，二级（大区级）平台将所有各个区域内的安全事件、资产信息和脆弱性问题信息传输至集团级（电力控股）一级平台，实现公司全网流量和安全日志采集、关联、分析与可视化展示和预警。

该解决方案可以满足国家、电力行业的监管单位对网络安全预警监测工作的要求；提高了公司关键业务系统安全风险主动防御能力，实现了对全网安全风险的有效预防；实现持续监测、快速定位与溯源，通过安全态势感知的建设点亮电力企业的整个电力办公网络，有效保障了网络与信息安全。

### 6.1.4　基于物联安全接入网关的海量电力物联终端安全接入解决方案

#### 6.1.4.1　方案介绍

打造能源互联网和电力物联网，按照网络安全"三同步"原则要求，为电力物联网提供网络安全规划和技术支撑，是保障电力物联网顺利建设、能源互联网安全运行的必要条件。

电力物联网综合运用传感设备、无线通信技术，基于云计算、大数据等基础服务平台提供统一服务，一方面，电力物联网为电力公司信息网接入体系带来了海量异构终端并发接入的需求，对终端安全认证、通信安全防护和核心网络安全保护提出了新的挑战；另一方面，电力物联网要求安全防护措施具备灵活部署、软件定义、集中管控、实时告警等特征，对安全防护提出了新要求。基于上述应用需求，基于物联安全接入网关的海量电力物联终端安全接入解决方案研发部署了新一代电力物联网安全接入网关及配套的网络隔离措施，支撑海量异构终端并发安全接入，形成电力物联网环境下的典型应用防护解决方案。

#### 6.1.4.2　功能特点

物联终端安全接入解决方案涉及物联安全接入网关和信息安全网络隔离装置（网闸型）两款核心安全防护产品。用户需要首先在物联终端上统一部署安全代理客户端软件，该软件可以提供 API 接口集成、端口代理集成和隧道代理集成三种集成模式。物联终端通过统一的安全代理客户端实现物联安全接入网关，采用 SSAL 或 SSL 协议实现终端身份认证和通道安全加密。如果接入大区为管理信息大区，物联安全接入网关需要后置部署信息安全网络隔离装置（网闸型）实现网络安全隔离，接入部署逻辑图如图 6-5 所示。

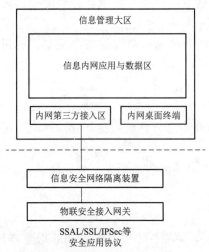

图 6-5　基于物联安全接入网关的海量电力物联终端接入解决方案接入部署逻辑图

1. 物联安全接入网关技术架构

物联安全接入网关高端型采用单主机架构，集成高速国密算法加密卡，提供 SSAL、SSL 协议支持，提供通信管理、密钥管理、配置管理等功能，对外提供集中管控接口和日志监管接口。功能架构图如图 6-6 所示。

物联安全接入网关低端型采用双主机隔离架构，内置网闸隔离硬件，除了网关功能外还可提供网络隔离功能，属于低成本、高集成度的隔离网关产品，性能可满足变电站内部应用的需要，功能架构如图 6-7 所示。

2. 信息安全网络隔离装置（网闸型）

信息安全网络隔离装置（网闸型）采用经典的"2+1"物理隔离设计理念，定制设计通过硬件通道通信的物理隔离机，定制基于 PCI-E 的高速多隔离卡，从物理上屏蔽网络层的 TCP/IP 协议，在应用层上采用基于 SSAL 协议的协议隔离，对 SSAL 协议以外的报文直接阻断，对 SSAL 报文深度过滤，架构如图 6-8 所示。

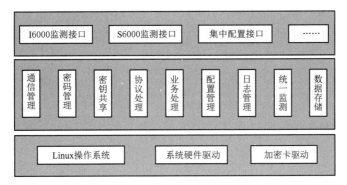

图 6-6　物联安全接入网关高端型功能架构图

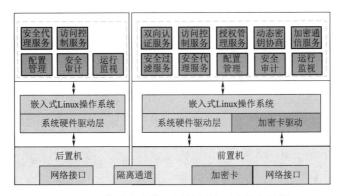

图 6-7　物联安全接入网关低端型功能架构图

该解决方案的关键技术如下：

（1）海量物联终端统一安全接入框架设计。基于海量电力物联终端并发接入需求，提出的一种基于统一客户端代理和电力物联安全接入协议的统一安全接入技术框架，引入通信前置和通信后置模块，通过海量终端连接的汇聚和分发，实现了安全通道与具体连接解耦，从而提供了短连接、高并发性的物联终端安全接入，进一步引入逻辑物理双隔离架构，增强核心网络安全防护能力。

（2）统一物联安全接入协议（SSAL）。统一物联安全接入协议是面向电力物联终端接入需求设计的一种私有安全接入协议，解决了 SSL 协议与 TCP 连接绑定的问题，提高了协商性能，可提供传统协议难以支撑的海量短连接物联网业务和基于短报文的物联网业务。

（3）海量短报文高速并行解析、交换和过滤技术。SSAL 协议与连接解耦后需要在应用层实现报文寻址功能，因此对海量短报文寻址性能提出了很高的要求。本解决方案基于 PCIE 总线协议的高速隔离与数据交换能力，引入 FPGA 的短报文处理加速技术和面向海量短报文的策略过滤加速技术，实现了万兆级别高速短报文隔离交换和寻址。

（4）统一客户端代理。为解决异构终端统

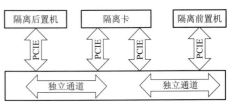

图 6-8　信息安全网络隔离装置
（网闸型）架构图

91

一接入问题，本解决方案设计研发了一种统一客户端代理程序，用户可选择 API 集成、端口代理、隧道代理等多种模式终端接入，后两种模式可避免终端侧应用定制开发，特别适合物联代理等电力物联终端部署。

（5）逻辑物理双隔离。为降低利用物联终端攻击电力信息网核心网络的风险，提高核心网络安全防护水平，本解决提出了结合协议隔离和物理隔离的双隔离架构，并设计开发了专用隔离装置，可同时提供网闸隔离和 SSAL 协议隔离两种隔离，解决了市售普通网闸产品应用层协议安全防护能力不足的问题。

（6）高速国密算法加密卡。为解决现有国密算法硬件加密设备普遍性能不足的问题，采用多芯片并行技术和虚拟多数据通道技术，引入基于大规模 FPGA 的国密算法。研发了支持 SM1、SM2、SM3 和 SM4 等高速加密卡，实现了万兆级别的国密数据加解密能力。

### 6.1.4.3 应用成效

该解决方案设计了物联安全接入网关与信息安全网络隔离装置（网闸型）两款核心安全防护装备，以及统一安全接入客户端软件，三者配合使用，可广泛应用于大量电力物联终端安全接入场景。仅以目前已经开始试点或者开始与业务应用联调的具体场景来看，包括用电信息采集终端安全接入、配电终端接入、各类摄像头接入、变电站智能机器人接入、能源大数据接入、移动应用 App 接入等，上述业务涉及的终端总量全网合计可达数千万到上亿台。从部署位置角度看，未来各省市公司均需集中部署物联安全接入网关集群，大部分变电站均需部署物联安全接入网关的低端版本。电力物联网的建设还处于起步阶段，各种新型业务场景和终端类型仍在高速增长过程中，上述分析仅覆盖了目前已经开展试点工作的部分业务场景，远不能涵盖未来物联安全接入的全部需求。即使仅仅按照目前的分析计算，全网物联安全接入网关高端型需求量至少可达数千套（含配套隔离装置），物联安全接入网关低端型至少可达数万台。

典型应用场景——用电信息采集。目前物联安全接入网关已在全国十多家网省公司的用电信息采集系统中上线部署，在用采终端上集成了安全代理客户端，在主站采集前置与用采终端之间部署了接入网关和隔离装置集群，为了进一步发挥 SSAL 协议连接汇聚的技术优势，用采接入场景还部署了通信前置，在 300 万用电信息采集终端接入场景下，仅需部署 8 台安全接入网关即可满足业务需要，大幅降低了系统建设成本。用采终端安全接入逻辑部署如图 6-9 所示。

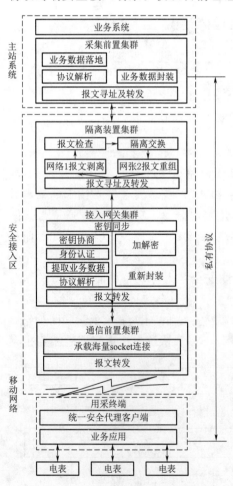

图 6-9　用采终端安全接入逻辑部署图

## 6.2 安全平台类

### 6.2.1 工业互联网下的蜜网威胁监测系统

#### 6.2.1.1 方案介绍

目前各行业中的多种应用系统、工业控制系统,其基础设备种类复杂、老旧系统共存的现象日益严重,许多控制系统中无法安装主机检测防护类代理,并且缺乏安全检测的防护手段,受到的攻击威胁越来越频繁和严重。针对电力行业、5G领域的安全现状,工业互联网下的蜜网威胁监测系统能够对其各业务系统的入侵行为提供高精度的监测与报警,收集攻击数据与情报,同时为进一步攻击溯源、智能联动防护等提供数据与情报支撑。

#### 6.2.1.2 功能特点

该系统采用欺骗防御技术,通过使用虚假响应、假动作、误导等伪造信息来实现阻挠或者推翻攻击者的认知过程,扰乱其攻击进程并对攻击者的攻击样本、网络数据等进行综合分析,记录其攻击特性与攻击指纹等信息,实现对攻击者的画像以及攻击过程溯源。最后通过威胁展示的方式,对威胁行为、攻击者特征以及持续性、有针对性的目标源的攻击进行预警,从而达到提前防范的目的。

(1)伪装欺骗。通过在业务网络中的空闲主机上部署代理程序,用于伪装成真实资产,来干扰攻击者的认知和吸引攻击者的注意。系统提供广泛的欺骗类型,包括仿真的服务、数据库、应用等。同时也撒放面包屑诱饵到客户机器中,通过这些诱饵吸引攻击者注意,从而引诱到诱捕节点。

(2)探测感知。在客户的不同网段中部署代理程序,形成诱捕节点,一旦有对诱捕节点进行相应的网络访问,诱捕节点将记录其触碰行为,同时将此事件上报至管理平台的事件汇总引擎上。从而能在第一时间发现探测扫描行为。

(3)攻击转移。系统能支持把攻击者对轻量级的诱捕节点开放端口和服务的访问转向到后端集中部署管理的蜜罐中,形成交互反馈。通过把攻击者对真实网段中的诱捕节点的访问重定向到后端蜜罐中的方式,有效地将来自对业务网段主机的攻击,转移到了后端的蜜罐中,从而形成攻击转移和隔离。

(4)对蜜罐的交互行为捕获。在蜜罐主机上部署蜜罐交互行为监控模块,支持记录攻击者对蜜罐上的操作行为,包括服务连接行为,服务登陆行为,主机登录行为等,捕获的内容包括用户登录信息、执行命令等信息,通过监控和记录攻击者在蜜罐中的活动,就可以获取攻击者的行为,了解攻击者手法以及意图。

(5)威胁展示。系统通过图表信息展示哪些资产被攻击、资产被攻击的程度、top10攻击源的汇总以及攻击的趋势,让用户可以方便快捷掌握当前的安全状况。

(6)流量取证。系统会详细记录流经蜜罐的流量包,并保存在磁盘上,界面可支持下载查看,以便于后续进一步的取证分析。

(7)威胁信息上报。系统支持将威胁数据通过 SYSLOG 的方式发送至企业已经投资的安全中心系统（如 SIEM 等），协同保护企业的核心资产。

该系统的主要技术参数如下：①单台蜜罐支持诱捕节点数不小于 20；②出厂蜜罐种类不小于 20；③出厂工控蜜罐种类不小于 4；④支持自定义 Web 蜜罐系统；⑤支持 TCP、UDP、ICMP 协议探测捕获。

该系统创新点表现在以下几个方面：

（1）基于虚拟化和动态编排的蜜网技术。基于虚拟化技术的蜜网系统服务，可以在同一宿主机上布置多个蜜网服务，并互相隔离，同时，可以灵活自由的编排这些服务的组合，并在不同蜜网节点上暴露出不同的蜜网服务，对攻击者具有较强的迷惑性。

（2）基于虚拟化技术的诱捕节点。可以在同一宿主机上产生多个虚拟 IP，以扩大检测范围和增加攻击者发现真实主机的难度。智能欺骗技术在诱捕节点上，并非一成不变地提供静态服务，而是可以根据实际环境，动态部署和开放服务，增强欺骗性，提高攻击者识别成本。

（3）工业互联网蜜罐自应答技术。利用在工业互联网中对设备收集捕获的请求的潜在响应，我们能够获得不同类型工业互联网设备的行为。但是，为了通过攻击者的检查，我们还需要学习最精确的响应，它有更高的概率成为攻击者的预期响应。我们利用机器学习机制来学习工控系统业务交互过程，并改进响应逻辑，以更高的机会来扩展会话以捕获黑客的攻击行为。

### 6.2.1.3 应用成效

1. 典型应用一

本系统在某电网公司部署实施成功，部署架构包括一套蜜网威胁监测管理平台和多个蜜网主机，蜜网主机根据功能及区域的不同各自隔离，各个蜜网主机关联若干诱捕节点，将诱捕节点产生的信息统一汇总到管理平台进行处理和告警。蜜网威胁监测系统部署如图 6-10 所示。

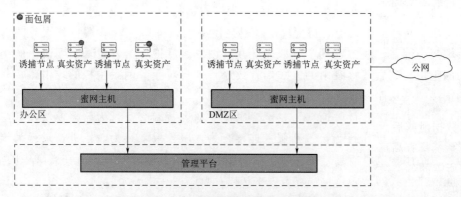

图 6-10 蜜网威胁监测系统部署图

自学习仿真功能使用户方便地制作专属 Web 蜜罐，可以灵活地根据需要进行仿真并部署，增加欺骗成功率，同时相较于之前的人工定制，时间从之前的一周到现在的不到一天，效率提高 500%，提高了客户满意度。在某次攻防演练前，客户基于其真实系统制作了数种 Web 自学习仿真蜜罐，并将这些蜜罐映射到外网，同时与其子域名、C 段 IP 进行了关联，保证了暴露面与关联度，在攻防演练过程中，通过这些页面及其自带的溯源功能成功溯源到数名红队真人。

2. 典型应用二

某市移动公司在 MEC 移动边缘计算业务环境中部署了蜜网威胁监测平台，通过在移动边缘平台管理器（MEPM）、虚拟化基础设施管理器和移动边缘平台 MEP 部署蜜罐代理形成诱捕节点，当攻击者进入 MEC 可信任区后进行资产探测时，诱捕节点将记录其触碰行为并上报，同时通过指纹模拟对攻击者进行探测欺骗。

（1）当攻击者对 MEPM 实例化应用进行状态变更攻击时，转移攻击行为至 MEPM 仿真蜜罐，对其攻击行为响应虚假变更结果。

（2）当攻击者对 MEP 平台进行攻击时，主动暴露蜜网仿真平台 https 蜜罐漏洞，使攻击者可轻易探测到仿真主机弱点，引诱其对蜜网平台进行攻击。

（3）虚拟化基础设施管理仿真蜜罐，提供仿真虚拟化资源以及应用程序镜像管理界面，通过记录攻击者操作行为还原攻击者的真实目的。

## 6.2.2　数据流转与外发安全管控系统

### 6.2.2.1　方案介绍

随着数字经济时代来临，数据不仅成为重要的商业资源和生产要素，更是国家基础性战略资源，极易成为攻击者的目标，数据面临的安全形势也日益严峻。近年来，全球范围内爆发多起大规模数据泄露事件，数据攻击造成的损失呈逐年快速增长的趋势。数据泄露方式主要包括黑客攻击、内部工作人员有意或无意泄露、第三方泄露等方式。

国网省公司业务上主要有面向内部其他业务部门、外部社会第三方数据共享分发的场景。目前主要面临以下问题：一是缺乏全过程线上管控：目前数据均是直接从数据库导出，审批流程、数据内容和范围是否合规缺乏管控；二是缺乏数据泄露后责任追溯：目前没有技术措施能够明确泄露点，发生问题后无法确定责任归属。针对上述场景存在的问题，数据流转与外发管控系统在实现"零改造""高可靠""精细化"的前提下，按照"全环节""高隐蔽""易追溯"的原则，对从数据申请、审批申请、数据调取、数据复核、数据分发水印、数据溯源的整个数据分发流转过程实施安全管控，提高安全性，解决了数据泄露后无法对泄露源头进行追溯的问题。

该系统具有高可靠性、高安全性的特性，可以从不同类型的生产数据库创建、操纵和管理所需的各类数据库脱敏任务，实现在各种应用场景下对数据的高仿真度需求和高效管理。该系统预装了丰富的脱敏信息识别和转换算法来处理数据表中的敏感信息，结合数据对象和业务系统实际情况，有效地转换、加密或替换生产数据库中的敏感数据，并确保用于测试的数据格式以及业务关联和数据的有效性。

### 6.2.2.2　功能特点

该系统采用"三权分立"原则设置了系统管理员、操作员和日志审计员三个角色，由数据安全外发申请管控模块、水印算法与模板策略配置模块、数据水印与溯源服务模块三个主要模块组成。系统管理员负责系统的用户/权限管理、数据源管理和水印策略设置等模块；操作员可根据业务申请创建外发任务，添加水印信息以及对文件加密后提交安全专责审批，审批通过后对外共享；一旦发现存在疑似数据文件泄露，操作员可以上传该文件进行溯源，追溯文件泄露的源头责任人信息；审计员可查询所有的用户操作审计日志和系统日志，防范业务操作风险。该系统主要技术指标如下：①系统并发用户数不小于100；②首次访问响应时间不大于3s；③系统登录平均响应时间不大于5s；④日常平均 CPU 占用率不大于40%，忙时不大于75%；⑤内存占用率不大于50%，最大并发时不大于75%；⑥水印处理速度不小于20G/H。

该系统关键技术如下：

**1. 数据水印**

创建水印系统如图6-11所示，该系统提供了添加隐藏字符、字符替换、添加伪行和添加伪列四种水印算法。

创建水印任务　　　添加共享文件/数据　　　添加责任人　　　生成密钥

图6-11　创建水印系统

（1）添加隐藏字符：在中文类型的敏感数据类型中添加隐藏字符，按照设置的水印比例，在不改变原数据外观的前提下，将带有水印位置和值信息的"0"和"1"的比特序列通过 ASCII 编码转化为不可见字符串，嵌入到数据字符串的指定位置，如图6-12所示。

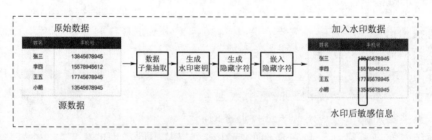

图6-12　隐藏字符水印

（2）字符替换：按照设置的水印比例，读取原始数据的数据类型，将带有水印位置和值信息转化为相同类型的字符，替换掉指定位置上的字符，如图6-13所示。

（3）添加伪行：按照设置的伪行比列，添加一定行数的假数据，为了保证水印信息的高隐蔽性和透明度，伪行数据通过对已有数据的拼接复制，再进行替换字符、添加隐藏字符的改造方式添加水印密钥信息，减少了水印信息对原数据在业务使用中的影响，如图 6-14 所示。

图 6-13 字符替换水印

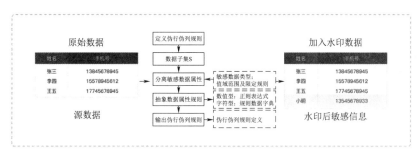

图 6-14 伪行水印

（4）添加伪列：按照设置的伪列比例，添加一定列数的假数据，为了保证水印信息的不可察觉，伪列数据通常为编号等数值，再进行替换字符、添加隐藏字符的改造方式添加水印密钥信息，减少了水印信息对原数据在业务使用中的影响。

2. 数据溯源

数据溯源服务模块如图 6-15 所示，模块通过取得泄露出去的文件/数据，从文件/数据中读取到水印信息，将水印信息与系统中的水印任务密钥匹配，给出最匹配的任务。因为每个任务都与责任人关联，即可追溯到最大可能的责任人。

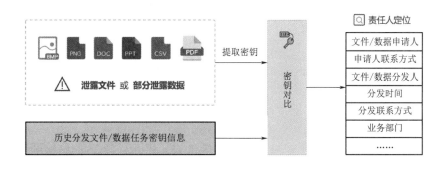

图 6-15 数据溯源模块

3. 接口化能力

该系统提供水印和溯源通用 API 与 SDK 接口，支持多语言调用，兼容性强，易使用，如图 6-16 所示。

图 6-16 接口化能力

4. 增量处理

增量处理方案如图 6-17 所示，为了提升数据水印处理的效率，避免每次数据更新都需要进行全量水印，电网公司的数据中台负责整个数据接入和分发，通过使用 DataWorks 的 DI 工具，从营销系统抽取数据进入数据中台。抽取的数据主要分为存量数据接入和增量数据接入两个部分。根据营销系统源端数据表中数据的类型和数据量，贴源层数据存储采取不同的存储和分区策略。该系统提供了全量接入、增量实时接入和增量定时接入三种方式。通过部署中间库处理源数据增量部分的同步问题，解决了一些"伪增量"方案带来的数据不一致的问题。

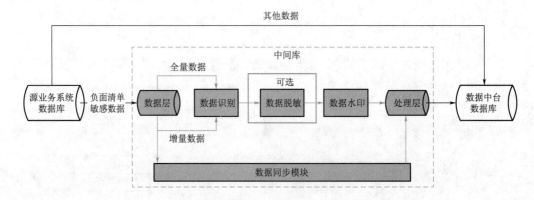

图 6-17 增量处理方案

### 6.2.2.3 应用成效

该系统通过 OA 集成实现和现有用户的权限绑定，采用线上进行数据申请，申请过程中明确任务类型、数据使用用途、分发联系人、分发接收人、数据起止时间、脱敏需求等信息；审计系统记录所有人员的操作记录，建立历次数据外发台账，加强日志审计能力，便于后续环节审核及溯源追责。该系统已成功在多个电力公司正式上线使用，并且通过对外提供水印溯源的 API 接口化能力。

## 6.3 数据安全应用类

### 6.3.1 工业控制网络安全系统解决方案

#### 6.3.1.1 方案介绍

工业控制网络安全系统解决方案具体包括工业隔离网闸、工业防火墙、工业入侵检测系统、工业终端安全卫士、USB安全防御系统等。

（1）工业隔离网闸。专门针对企业管理信息网络与工业生产网络之间数据交换等高安全应用场景的隔离安全防护产品，采用"2＋1"系统架构（内端机、外端机、专用物理隔离单元），在实现网络物理隔离、协议隔离的同时，进行高效率的安全数据交换。

（2）工业防火墙。一款适用于工控网络的网络安全保护产品，用于网络边界安全防护，提供访问控制功能，防范未授权的访问，通过白名单控制功能实现对工业协议的深度解析与精确控制，通过黑名单防护功能实现对信息系统漏洞的防护。

（3）工业入侵检测系统。通过对工业流量、工业通讯协议深度解析检测，并基于威胁情报、工控漏洞库等安全知识库信息，进行综合智能分析，高效准确地识别检测威胁和攻击行为，形成安全事件和告警，并支持与工业防火墙联动，对入侵行为及时进行拦截处理。

（4）工业终端安全卫士。一款基于网络安全等级保护2.0标准研发的安全加固和审计系统，具备外设接入控制、安全审计、基线核查修复、病毒扫描、文件完整性监测、双因子认证、可信白名单和访问控制等功能，支持的平台包括Linux、Window等。

（5）USB安全防御系统。采用纯硬件设计，无须在保护计算机安装任何软件，实现对接入的USB存储设备认证管理、黑白名单安全策略配置、文件数据流向控制、病毒查杀及日志审计等功能。

#### 6.3.1.2 功能特点

（1）基于工业级硬件设计：该解决方案从电路设计、结构设计、可靠性、环境要求等方面进行了严格的要求，通过严格的防震、防尘、高低温测试，拥有严苛的硬件品质，保证了产品硬件的可靠性，满足工业现场特殊环境的需求。

（2）基于应用感知和智能学习技术：该解决方案引入工业应用感知、智能学习等技术，对工业控制网络各类数据包进行快速有针对性地捕获与深度解析，检测出数据包的有效内容特征、负载和可用匹配等信息，满足在解析执行时，工业控制系统在生产和制造过程中的通信效率保障和冗余机制等要求。

（3）基于跨设备统一管理：该解决方案实现了工业防火墙、工业监测审计、工业入侵检测、工业终端安全卫士、USB安全防御设备等多种设备的协同管理。

（4）基于数据采集归一化与隔离传输技术：该解决方案对采集到的工业设备的第一手数据，采用数据归一化和数据预处理技术，屏蔽各个厂家的不同型号设备数据格式的不同，为后续的数据存储、分析和展示提供统一格式的数据，优化、提高系统的数据处理性能。

（5）基于攻击图的攻击过程还原技术：根据网络状态和脆弱性信息，分析出攻击者攻击网络时对网络弱点的利用顺序，并用状态、行为和关系来描述攻击过程，用以还原 APT 的攻击过程。

### 6.3.1.3 应用成效

传统网络安全产品/解决方案在物理环境、工业控制网络应用环境上等均无法满足工业控制领域网络安全的要求，导致传统企业/互联网安全产品/解决方案无法应用在工业控制环境中。通过对工业控制系统的深入理解，结合工业现场实际物理和逻辑运行环境，设计并实现了符合工业现场应用的相关安全防护解决方案——工业控制网络安全系统解决方案，具体包括电力安全监测装置、工业隔离网闸、工业防火墙、工业入侵检测系统、工业监测审计系统、工业日志审计系统、工业终端安全卫士、USB 安全防御系统及统一安全监管平台，是基于对工业级硬件、系统自身安全性、工业协议的深度解析，异常工业报文告警、异常工业行为分析，以及工业漏洞黑白名单关联等核心技术理念而形成的完善的工业控制网络安全防护解决方案。

目前，该解决方案已在电力、石油化工、轨道交通、冶金烟草、智能制造等行业得到了规模化应用，有效地提升了关键基础设施的网络安全综合保障能力和水平，防范网络安全事件发生。

1. 典型应用一

某发电厂百万机组 DCS 系统安全防护建设网络结构如图 6-18 所示，通过在核心交换机旁路部署工业入侵检测系统，实现了对网络攻击行为进行入侵检测和告警；部署工业监测审计系统，实现网络流量、操作行为的采集分析监测和异常告警；部署堡垒机和移动式运维审计终端，对远程运维人员的行为进行审计和管控；部署工业日志审计系统，对上位机和网络设备日志进行集中采集和异常分析。工作站通过部署工业终端安全卫士和 USB 安全防御系统，实现了病毒免疫和 USB 接入行为管控；部署工业统一监管平台，对网络安全设备的统一安全管控，构筑安全管理中心。

2. 典型应用二

某发电厂 NCS 系统安全防护建设网络结构如图 6-19 所示，通过在 NCS 系统安全 I/II 区关键网络节点部署工业监测审计系统，实现对网络流量的采集分析监测和异常告警；部署工业入侵检测系统，实现对网络攻击行为进行入侵检测和告警；部署工业日志审计系统，实现对工作和网络设备日志进行集中采集和异常分析。工作站部署工业终端安全卫士、USB 安全防御系统，实现病毒免疫和 USB 接入行为管控。通过部署运维审计、工业统一监管平台，实现运维管控和网络安全设备的统一安全管控，构筑安全管理中心。

3. 典型应用三

某电网公司电力监控系统网络安全态势感知建设网络结构如图 6-20 所示，通过在调度中心/变电站/配电站/并网电厂分别部署电力监控系统网络安全态势感知采集装置，实现对电力监控系统网络安全的数据采集、异常流量分析、安全事件分析、范式化处理、数据建模和关联分析，对电力监控系统全方位、全天候的网络安全监测，全面提升全网资产识别、安全现状和趋势分析、情报分享和应急处置能力。

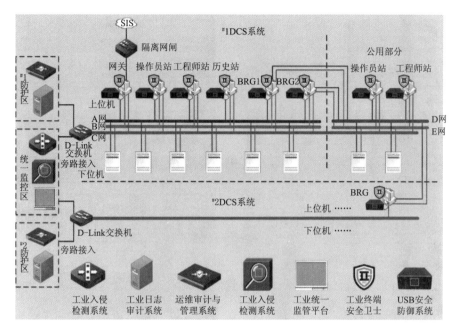

图 6-18　某发电厂百万机组 DCS 系统安全防护建设网络结构图

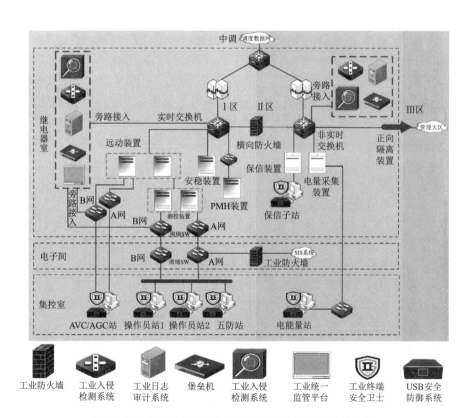

图 6-19　某发电厂 NCS 系统安全防护建设网络结构图

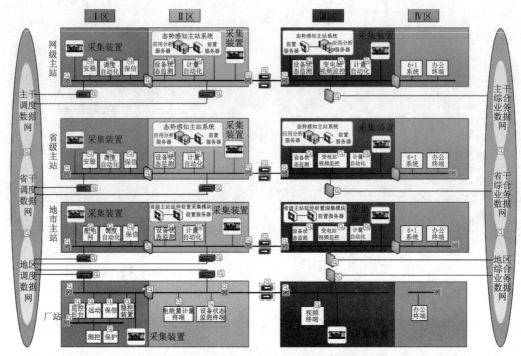

图 6-20　某电网公司电力监控系统网络安全态势感知建设网络结构图

## 6.3.2　网络攻击应急处置解决方案

### 6.3.2.1　方案介绍

随着计算机技术的飞速发展以及 Internet 带宽的大幅度提升，网络攻击的频率和危害逐年递增，全球网络攻防越来越复杂，攻击规模也越来越大，单位网络管理人员在进行网络安全状态监测及防护的时候，往往在攻击的应急处置上花费了大量的时间和精力。目前对攻击的应急处置手段全部依赖于人工研判＋人工添加策略封堵，封堵容量有限并且应急处置效率十分低下。

网络攻击应急处置解决方案基于网络攻击应急处置装置，该装置是一款专用于封禁恶意 IP 的设备，通过定制化的硬件及专用于封堵的软件设计，可达到毫秒级封禁速度，可以达到封禁上千万条恶意 IP 地址，解决当前网络安全现状下的网络攻击规模大、网络攻击迅速、应急处置效率低的问题。该解决方案基于网络攻击应急处置装置，在现有的组网环境里，将应急处置装置串联部署于网络出口，在网络出口处对恶意地址进行恶意地址的极速封禁，达成网络攻击应急处置的目的，网络攻击应急处置解决方案部署示意图如图 6-21 所示。

装置通过在线部署在互联网出口，在线对恶意攻击 IP 进行实时阻断，实现以下功能。

1. 海量 IP 地址的高性能处理能力

应急处置装置的地址匹配表项采用比特寻址算法把 IP 地址经过编译处理形成快速匹配表项，报文经过设备时提取 IP 地址，最大查找 21 次便会获取相应的结果；为了做到封禁效果的实时性，即便是在千万级的 IP 地址的情况下，新增一个封禁 IP 依然可以毫秒级生效。满足管理员对设备超高处理性能与低网络传输延迟的需求，让应急处置装置不成为网络处理的瓶颈。

**2. 不间断的业务运行能力**

为保证重要业务不间断连续运行，应急处置装置无论是软件版本升级还是发生硬件故障都不应该影响重要业务对外提供服务，为此应急处置装置专门设计了 bypass 模块，无论是软件升级还是设备意外断电，都可以保障业务不间断对外提供服务。

**3. 增加了 IP 地址信誉机制**

当网络攻击发生时，应急处理管理员无法快速判断一个 IP 地址是由于中毒导致的单次攻击，还是恶意组织的持续攻击。应急处置装置为每个 IP 地址增加了信誉机

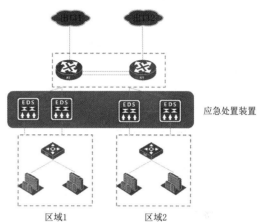

图 6-21 网络攻击应急处置解决方案部署示意图

制，当管理员配合封禁 IP 时，应急处置装置会根据此 IP 的历史行为进行判断，给出管理员推荐的应急处置周期。例如配置生存时间为 30min 则表示规则在添加完成 30min 后失效，应急处置装置会根据地址信誉机制自动计算该规则的生存时间，生存时间（单位为 h）的计算方式为：3 的 $x$ 次幂，$x$ 表示该规则被添加的次数，且当 $x$ 大于一定值时，生存时间为永久，而且管理员将某个封禁 IP 放行时，会提示此 IP 的风险情况，避免管理员在应急事件处置时，由于配置的不合理导致封禁未达到预期效果。

**4. 降低安全风险**

对供给发生的安全时间进行精准极速的防护模式，结合设备自身的封禁能力，可对大规模攻击进行安全防护。并借助信用封堵技术，贴合用户业务场景，提升防护精准度。通过统一管理平台来对现网应急处置设备统一下发封堵命令。紧急事件发生时，只需登录平台就能实现各类安全事件快速处置，大幅降低处置难度及封堵速度。此外在 IP 封堵过程中采用高效的专业处理算法，地址匹配机制，实现毫秒级封堵，处置速度快，降低单位安全风险。

**5. 构建安全应急响应机制**

通过与态势感知及威胁情报的协同防御，构建威胁阻断和安全编排能力。针对态势感知监测的安全事件及安全威胁，基于预置或手工设置的处置流程，通过平台下发策略，对安全设备自身的规则、阻断策略等进行更新，实现对安全事件的快速响应，帮助单位建立完善的安全应急响应机制。

**6. 建立安全威胁闭环处置体系**

搭配态势感知平台对未知攻击、潜伏威胁进行深度检测，完成了从"被动防御"＋"应急响应"向"主动防御"＋"持续响应"的切换，建立了完整的"预测、防御、检测、响应"闭环。

#### 6.3.2.2 功能特点

（1）该解决方案使用特定的比特算法进行 IP 地址匹配、应急处置设备的 IPv4 自定义

地址策略，对 IP 使用特定算法排序后通过数组存储，匹配查询时使用经过优化的查询算法查询策略位置，策略配置 400 万条仅占用内存 120MB。IPv4 地址库采用位图存储，一个 bit 代表一个 IP，策略配置 600 万条仅占内存 1GB。IPv6 自定义地址和地址库策略使用哈希加链表存储策略，策略配置 1000 万条仅占内存 496MB。应急处置装置的地址匹配表项采用比特寻址算法把 IP 地址经过编译处理形成特定的快速匹配表项，报文经过设备时提取 IP 地址，最大查找 21 次便会获取相应的结果，查找到相应的结果后直接在网卡驱动上进行相应的处理；这样使得应急处置装置做到了封禁效果的实时性，即使在千万级的 IP 地址的情况下，新增一个封禁 IP 依然可以毫秒级生效。

（2）应急处置设备基于单报文匹配（无状态、无连接、无会话），匹配特定的算法实现，使用透明接口从网卡驱动层直接进行转发，应急处置装置所有软硬件资源都用于 IP 封禁工作，封堵策略规模达到千万级，从网卡驱动层直接转发，实现了毫秒级的 IP 封禁，装置策略配置简单，直接配置或者导入需要封禁的 IP 地址表即可实现，同时支持与其他管理平台联动，策略一键下发，全网封堵。

### 6.3.2.3　应用成效

目前网络攻击应急处置解决方案已经广泛地应用在政府、电力能源行业、运营商、金融行业。在多个电力公司均有很好的应用，帮助用户解决了恶意 IP 地址封禁效率低、应急处置难的问题。在运营商行业，该解决方案装置凭借其强大的封禁能力，已经封禁上百万个离散 IP 地址，在网络攻防演练及真实网络攻击防护场景中高效使用，全面降低了用户网络安全风险。

## 6.3.3　流动共享的电力数据安全合规管控平台

### 6.3.3.1　方案介绍

当前电力数字化转型以及新基建打破了数据原有静态的固有应用模式，多场景、多主体数据协同提升数据应用价值已成为共识。随着数据跨系统、跨边界、跨组织流动更加频繁，数据面临的安全泄露风险及法律合规风险也显著增加。传统电力企业依托于数据分区存储加密保护的静态保护方式，难以适应数据频繁高速交互流动的安全需求，使得数据安全与数据可用性之间的矛盾日益凸显，一定程度限制了数据可用性，单纯追求数据价值而忽略数据安全或过分强调数据安全而影响数据业务，已成为大量企业数据应用的常态。

因此数据安全与数据业务的融合已成为重要探索领域，具备数据资产识别、分类分级防护、数据加密、数据脱敏、泄露追溯等能力成为电力企业满足数字化转型新需求的重要途径，但上述碎片化的能力造成业务与安全能力脱节、管理与技术脱节、线上与线下脱节等系列问题，亟须加强数据能力的服务化建设，将能力融于业务各场景，推动各能力的统一调度、管理及应用，保障电力新型基础设施建设安全。

以保障电力新型数字基础设施安全为目标，满足新基建数据共享融通、增值服务等安全合规需求，研发的流动共享的电力数据安全合规管控平台，具有数据分类分级、敏感数据识别、数据静态脱敏、数据动态脱敏、水印溯源、虚拟数据库、数据安全运维、数据加解密、数据库审计9大配套功能。该平台创新性融合数据业务与安全能力，打通管理和技术环节，构建面向场景的多源数据安全能力按需供给模式，打造兼容并包数据安全生态，推动建立"静态数据可知、数据使用可控、操作过程可审、泄露数据可溯"的数据安全治理体系。静态数据可知。基于分类分级、敏感数据识别等技术，实现对数据资产全面安全感知和可视化。数据使用可控。基于过程管控和安全能力服务，实现数据共享流动过程的合规管控和安全防护。操作过程可审。基于管控过程与安全能力关联，以及数据库审计技术，实现操作过程的全局可审。泄露数据可溯。基于水印溯源技术，实现共享流动数据精准溯源。

面向流动共享的电力数据安全合规管控平台功能架构如图6-22所示，面向数据共享融通、增值变现等多业务场景，以内部电力数据以及政府、金融等相关行业数据为数据输入源，为数据分析人员、数据管理人员、数据审批人员、数据运维人员等多种用户角色提供数据安全管理服务。平台采取"微服务、轻部署"架构，基于标准化接口集成基础数据安全能力，面向不同业务场景提供数据安全服务能力，并统一按需调用，实现数据过程可控、全景可视。

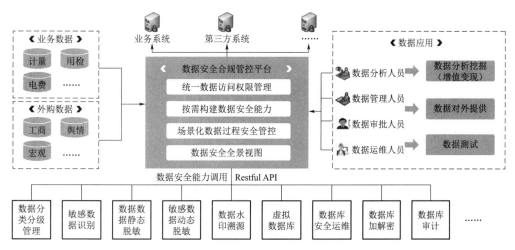

图6-22 面向流动共享的电力数据安全合规管控平台功能架构图

流动共享的电力数据安全合规管控平台是充分借鉴电力行业内外典型技术选型经验，以科学、先进、合理、体系化路线，按照B/S架构模式打造的合规管控平台。该平台采用"微应用、轻部署"模式，以标准化、灵活的接口调用方式，广泛支持融合先进、成熟的数据安全工具，形成敏捷可扩展的产品总体技术架构，如图6-23所示。

数据存储层：使用MySQL数据库进行数据的存储，主要包括策略数据、任务数据、日志数据和配置数据等。Spring框架通过MyBatis和DRUID数据库连接池进行数据库访问，实现数据的增删改查。

服务层：负责输出数据安全能力服务，由敏感数据识别服务、数据抽取服务、数据脱敏服务、数据运维服务、数据库虚拟化服务等组成。每个安全能力都有独立的服务实现，并通过API进行安全能力的数据，并通过消息总线与Spring框架进行交互。

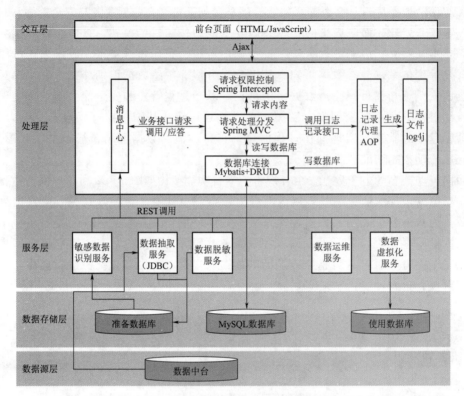

图 6-23　面向流动共享的电力数据安全合规管控平台技术架构图

处理层：以 Spring 框架作为实现主体，通过 Spring Interceptor 实现前端请求的接收和访问权限控制，通过 Spring MVC 实现消息任务的调度，通过消息总线实现前端请求与后端安全服务的能力对接和流程管理，通过 AOP 实现日志的生成和记录。

交互层：以 HTML 和 JavaScript 作为主要的信息展示和人机交互方式，并通过 AJAX 请求实现对于后端服务的能力调用和返回接收。

### 6.3.3.2　功能特点

（1）统一数据访问权限管理。基于能源电力企业新基建和数字化转型的数据业务，该平台深入分析电力数据管理特点，明确涉及的数据管理人员、安全合规人员、数据使用人员、电力客户等多种数据业务角色，基于组织、人员角色进行账号权限管理、操作的差异化管控，实现面向多场景数据访问、操作权限的细粒度管控，提升数据安全的统一管控能力。

（2）敏捷高效的数据安全服务能力。充分吸取业界成熟产品的典型经验，该平台采取"微服务、轻部署"的架构，按照数据安全能力模块化、标准化思维，打造安全能力统一管控服务模块，通过标准化的安全能力调用接口和日志采集接口，整合各项数据安全能力，灵活集成第三方数据安全服务，提供数据安全工具统一服务能力和统一策略管理功能，构建兼容并包的数据安全生态。

（3）基于场景编排的数据过程安全管控。广泛协同能源电力企业，深入分析相关电力企业典型数据业务场景、数据安全管理及技术防护现状，该平台按照安全管理和技术融合思路，建立面向业务场景的数据合规管控机制，基于场景、人员、流程等要素灵活配置管控机制，并在机制中按需敏捷调用数据脱敏、水印溯源等数据安全能力，构建基于业务、流程、能力的统一协作方式，为数据分析、使用、测试等各类人员提供数据安全专业管控手段。

（4）数据安全全景视图。深耕能源电力新基建和数字化转型的数据业务领域，结合能源电力企业数据安全实际需求，以数据静态和动态安全合规监测为切入点，打造数据安全合规态势感知和监测预警的电力数据安全合规管控平台。一是基于敏感数据深度识别和数据分类分级，构建电力敏感数据全局分布视图，静态展示数据库分布、数据敏感字段、数据敏感类型、分类分级等信息；二是基于数据脱敏、数据库审计等安全服务能力，构建电力敏感数据动态流转视图，实现数据所有流动路径的安全合规监测和风险研判，动态展示数据使用人员、数据审批人员、数据操作人员、流转数据路径等信息，助力能源电力企业全面、实时掌握数据资产静态分布及流转安全合规情况。

### 6.3.3.3 应用成效

该平台面向能源电力行业数据管理人员、安全合规人员、数据使用人员、电力客户等各类人员提供一体化解决方案，应对数据在线实时访问、数据共享分发、数据分析测试、数据运维等过程中的数据安全风险成效显著，加固了能源电力行业电力重要数据和客户敏感信息安全防护薄弱环节，显著提高了电力数据安全保护能力，有效降低电力数据泄露风险。

目前已在南京、郑州、西安、天津、杭州等地部署。预计至 2025 年，平台面向营销、运检、信通等专业领域，在全网省公司及相关产业单位推广应用合规管控平台，同时具备为国家及行业服务的能力，支撑能源行业、金融行业、互联网应用等数据共享利用合规安全。

## 6.3.4 电力交易系统密码安全应用解决方案

### 6.3.4.1 方案介绍

为推进电力体制改革和满足电力市场需求，多地电网公司大力推进电力市场交易系统建设工作，在交易采购从传统手工操作到网络电子化运作的转变后，交易系统的安全问题亟待解决，具体包括用户身份认证、数据安全传输、网上报价保密、网上合同签署法律有效性等问题。基于密码技术的电子认证技术是解决上述安全问题最成熟、最有效的解决方案。电子认证以 PKI（公开密钥基础设施）技术为基础，通过第三方权威的电子认证服务机构（CA 机构）为发电企业和用电用户等制作和发放数字证书（以 USBKEY 为介质载体），用户凭数字证书作为身份标识，安全登录交易系统进行各项操作，通过数字证书对电力交易数据进行加密和解密，确保交易数据的保密性；通过数字证书对报价信息和电子合同进行电子签名，确保网上交易的真实性和有效性。《中华人民共和国电子签名法》《电子招标投标办法》等相关法律确保了数字证书应用于电力市场交易系统的法律效力。

电力交易系统密码安全应用解决方案总体架构如图 6-24 所示，分为以下三部分：

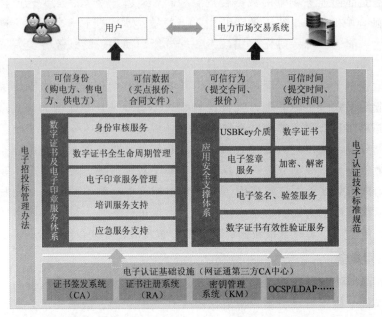

图 6-24　电力交易系统密码安全应用解决方案总体架构图

（1）电子认证基础设施。由第三方电子认证服务机构—网证通 NETCA 提供 CA/PKI 基础设施服务，包括数字证书签发、密钥管理、电子签章签发等标准服务。

（2）电力市场交易系统应用安全支撑体系。①签名验签服务器：用于提供证书用户认证、单点登录、应用访问授权等服务；②电子签章系统：用于实现 PDF/Office 文件上加盖电子印章，并将该签章和文件通过数字签名技术绑定在一起；③安全中间件：CA/PKI 安全应用所需开发接口，用以改造目前的交易系统，根据该程序的规范可以迅速完成现有系统与数字证书应用结合相关开发工作；④数字证书及其证书存储介质：系统用户的电子身份凭证，用于标识用户在网络中的合法身份；⑤服务器密码机：存储相关机构实例的私钥，用于对数据进行加密、签名等安全保护。

（3）电力市场交易系统电子认证服务体系。建立电网公司的电子认证服务体系，从服务内容、服务模式、服务流程、服务保障等方面，设计符合电网公司特点的服务模式和流程等，方便证书发放和管理，满足电力市场交易实际业务的需要。

### 6.3.4.2　功能特点

（1）用户身份认证。通过采用第三方 CA 提供的 PKI 安全中间件中的相关组件可以实现应用系统从基于"用户名＋口令"的登录快速转换到数字证书登录，解决传统"用户名＋口令"的方式所带来的安全隐患和管理上的难度，满足等保测评中的身份认证要求。

（2）数据安全传输。用户在系统中提交数据文件传输过程中，采用安全套接层协议（SSL）、元数据加密等方式，确保数据安全传输需求。

（3）网上报价合同签署的电子签名/电子签章。针对网上交易报价、电子订单合同的真实性和不可抵赖性的需求，用户通过系统提交的报价信息，以及交易成功后确认的电子订单电子合同信息，需要使用代表其个人或单位的合法有效的数字证书，为报价表格、电子订单电子合同等进行电子签名/电子签章，保障系统信息内容具有法律效力，实现安全有效的电力市场交易。

（4）网上报价加密。在电力交易竞价环节，各用户提交的价差等敏感报价数据必须是完整封存，任何人不能阅读，否则将直接影响到报价的有效性和交易撮合的有效性，也容易为黑箱作业提供操作空间。电力交易系统密码安全应用解决方案采用门限加密技术，对数据进行加密保护，只有合规的人员参与方可解密数据，符合电子招标投标相关法规的要求。

### 6.3.4.3 应用成效

为推进电力体制改革和满足电力市场需求，多地电网公司大力推进电力市场交易系统建设工作。该解决方案已经在电网公司电力交易平台落地，为电力交易业务搭建两大安全体系：

（1）数字证书及电子印章服务体系。由合法的第三方 CA 机构（网证通）审电力交易用户的真实身份，为其颁发数字证书，并绑定电子印章，用户以数字证书作为电力交易市场中的合法身份标识，以电子印章代替传统印章进行电力交易合同的签订。

（2）安全应用支撑体系。部署签名验签服务器、电子签章系统、服务器密码机等 CA 安全认证设备，组建安全应用支撑体系，为电力交易业务系统提供安全支撑服务。保障了线上电力交易业务的安全性；保障了电力交易用户的身份真实可靠性；保障了电力交易过程中集中竞价，分散采购等业务操作的不可抵赖、不可篡改和不可伪造；保障数据传输的安全性；实现了全在线、全流程无纸化的电力交易。

该解决方案已经非常成熟，可向任何线上审批、线上交易等业务推广。①电子招采业务，运用 CA 安全认证产品和技术可以充分保障招标人和投标人权益，保障电子招投标环境的公平、公正、公开；②线上交易业务，运用 CA 安全认证产品和技术可保障交易双方的合法权益，保障网上交易行为的不可抵赖和不可伪造，保障网上交易的法律效力；③电子合同业务，运用 CA 安全认证产品和技术，可实现在线签订电子合同，并可以保障电子合同的法律有效性，实现合同签署的无纸化，提高工作效率；④大型企业供应链管理，对于建立自己的供应链（供应商）管理平台的大型企业集团，运用 CA 安全认证产品及技术即可实现全流程在线的物资采购管理，提高物资采购的效率。

# 第 7 章
# 电力网络安全技术产业发展建议

随着我国电力系统向着网络化和智能化方向发展，电力系统与信息技术形成了更加紧密的结合，催生了对电力网络安全的迫切需求，电力网络安全对于电力系统的正常运行愈发关键。而在我国智能电网快速发展的背景下，电力领域也产生了海量的接入数据，通过大数据分析可以帮助电网提高运行和配置效率。与此同时，海量数据的产生对电力网络安全也提出了新的要求，网络保护环节一旦受到侵害，就有可导致数据泄露与丢失，对电力系统造成不可估量的损失。电力网络安全的发展面临着复杂严峻的挑战，需要在重点技术、关键领域、产业创新生态、网络安全管理体系、人才培养等多个方面予以建设。

## 7.1 加强网络设备自主可控降低潜在风险

在电力网络中，所有一次设备（能量转换设备、载流导体、开关设备等）与二次设备（对电力系统内一次设备进行监察、测量、控制、保护、调节的辅助设备）都需要与网络进行连接，从而能够即时控制。

当前一大部分国内电力系统网络设备依然需要进口，某些关键设备出现故障，容易形成较高的安全风险。同时，针对电力系统的网络攻击不会直接对一次设备进行攻击，而是通过削弱甚至完全破坏二次系统的正常功能，从而导致一次设备不能正常工作。因此电力企业需要加强电力网络设备管理工作，对重点设施实施重点保护，做好设备运行状态监控，进一步完善电力监控系统安全防护体系。不断推进国产电力网络设备研发，加强自主可控安全装备底层软硬件开发，提升国产设备产品质量，减少电力网络系统对进口设备的依赖，降低电力网络系统安全风险，保证关键领域的自主可控，不断提升电力信息的安全性。

## 7.2 突破核心技术完善自主创新产业生态

电力行业相关企业应强化电力网络安全基础技术、通用技术、关键核心技术创新研究，构建涵盖电力系统发电、变电、输电、配电、用电网络的安全核心技术体系。在电力系统防护体系、专用芯片、攻防对抗、检测技术等领域加强自主创新与应用突破，尤其是在攻防对抗方面，当前电力网络安全对抗存在攻守双方不对称的问题，表现为易攻难守、敌暗我明的态势。电力企业尤其是地方电力公司网络对抗能力弱，未来需要加强在高强度实战对抗的演练，注重防御能力的提升。

电力网络安全行业相关企业应持续增加网络安全预防侧技术创新投入，提高企业创新能力。防火墙技术、信息加密/身份认证等技术是目前网络安全的主要防护手段，占据较大的市场份额。其中，防火墙技术可以通过设立安全隔离区，将非法访问及数据文件传输进行快速鉴别，有效规避、抵御可疑文件。然而随着电力企业新能源云、网上电网、智慧车联网、能源大数据等互联网业务的发展，以网络隔离为主的防护模式难以满足互联网业务发展的需求。网络病毒种类繁多且更新速度快，电力企业需要持续优化升级防火墙技术，提升对网络病毒的鉴别抵御能力，改善电力系统信息通信网络数据传输和采集环境，优化传统边界安全防护架构，适应互联网业务应用需求。加强对访问者身份的鉴别、分析技术，避免非法和恶意访问。强化内部信息保密效应，并结合区块链等技术手段，不断加强安全防护能力。

通过积极承担或参与国家网络安全重大科技项目，企业内部开展重点项目扶持计划，对电力网络安全领域的通用技术、核心技术、前瞻技术等予以资金支持，有条件的企业可以建立电力网络安全研究院和技术中心，推动关键技术快速发展，推进研究成果的转化，形成国家级电力网络安全创新基地。

## 7.3　加快电力系统网络安全防护管理体系建设

电力系统企业需要不断完善电力监控系统体系建设，做好日常预警排查、运营管理以及内部相关人员管理工作。

加强漏洞和隐患源头及动态治理，排查潜在风险问题，做好提前预警，线上监测和线下监测有机结合，定时监测、检修、优化重要设备，出现风险及时上报，不能拖延甚至隐瞒。

加强运营及安全防护管理监督，对运营及安全管理人员管辖工作进行有效监督和管理，不断提升运营安全管理效率。按照电力系统业务内容的重要程度进行安全等级划分，并执行定期审查，缩短关键信息基础设施安全评估周期。强化联动防御机制，加强安全事件自动化和关联响应速度，提高应急处置效率。

建立电力系统安全管理人员上岗前培训和定期安全教育培训机制，更新技术人员的知识技能，提高业务素养，提升网络安全防护意识；严格人员准入机制，确保人员持证上岗；建立电力系统网络安全责任机制，明确网络安全责任人，做好合理分工。

## 7.4　电力系统企业强化电力网络安全人才培养

网络安全建设的核心要素是网络安全人才，当前全球网络安全产业面临严重的人才短缺问题。全球网络安全劳动力研究报告显示，全球网络安全人才缺口已经达到近300万人，其中，亚太地区缺口最高，达到214万人。

我国网络安全人才需求目前也呈现大幅增长态势。当前，我国设置网络安全类相关本科专业的高校共 116 所，累积培养网络安全专业人才 10 万人，但是，我国目前网络安全人才需求量为 80 万人，预计到 2022 年，人才需求量会超过百万，网络安全人才数量难以满足需求。随着我国网络安全建设的加速，未来的市场需求很有可能持续扩大。在电力行业，由于电力系统信息网络是计算机技术、电气自动化技术、电力电子技术等多个学科的交叉领域，涉及发电、配电、输电、用电，环节众多，具有极高的专业性和综合性。随着大数据、云计算、物联网、人工智能、区块链等信息技术在电力行业的持续渗透，对电力网络安全提出更高的要求，需要更多复合型的网络安全人才。

　　未来电力企业应该重视培养更多专业型的网络安全人员，而不是过去依靠 IT 开发运维人员进行兼职。在人才培养模式方面，网络安全人才培养周期长、成本高，电力系统企业应与高校、科研院所发挥协同效应，开展关键领域网络安全人才联合培养，并通过奖励机制鼓励人才培养，形成人才储备；加强公司内部安全人员持续教育培训，提升人员专业技能水平，培养更多既熟悉电力网络运营业务，又熟悉网络安全业务的安全运维人员与高水平网络安全专家。

# 附录 A
# 基于专利的企业技术创新力评价思路和方法

## A1 研究思路

### A1.1 企业技术创新力评价研究思路

构建一套衡量企业技术创新力的指标体系。围绕企业高质量发展的特征和内涵，按照科学性与完备性、层次性与单义性、可计算与可操作性、动态性以及可通用性等原则，从众多的专利指标中选取便于度量、较为灵敏的重点指标（创新活跃度、创新集中度、创新开放度、创新价值度），以专利数据为基础构建一套适合衡量企业创新发展、高质量发展要求的科学合理评价指标体系。

### A1.2 电力网络安全技术领域专利分析研究思路

（1）在网络技术领域内，制定技术分解表。技术分解表中包括不同等级，每一等级下对应多个技术分支。对每一技术分支做深入研究，以明确检索边界。

（2）基于技术分解表所确定的检索边界制定检索策略，确定检索要素（如关键词和/或分类号）。并通过科技文献、专利文献、网络咨询等渠道扩展检索要素。基于检索策略将扩展后的检索要素进行逻辑运算，最终形成网络安全技术领域的检索式。

（3）选择多个专利信息检索平台，利用检索式从专利信息检索平台上采集、清洗数据。清洗数据包括同族合并、申请号合并、申请人名称规范、去除噪声等，最终形成用于专利分析的专利数据集合。

（4）基于专利数据集合，开展企业技术创新力评价，并在全球和中国范围内从多个维度展开专利分析。

## A2 研究方法

### A2.1 基于专利的企业技术创新力评价研究方法

#### A2.1.1 基于专利的企业技术创新力评价指标选取原则

评价企业技术创新力的指标体系的建立原则围绕企业高质量发展的特征和内涵，从众多的专利指标中选取便于度量、较为灵敏的重点指标来构建，即需遵循科学性与完备性、层次性与单义性、可计算与可操作性、相对稳定性与绝对动态性相结合以及可通用性等原则。

1. 科学性与完备性原则

科学性原则指的是指标的选取和指标体系的建立应科学规范。包括指标的选取、权重系数的确定、数据的选取等必须以科学理论为依据，即必优先满足科学性原则。根据这一原则，指标概念必须清晰明确，且具有一定的、具体的科学含义同时，设置的指标必须以客观存在的事实为基础，这样才能客观反映其所标识、度量的系统的发展特性。完备性原则，企业技术创新力评价指标体系作为一个整体，所选取指标的范围应尽可能涵盖可企业高质量发展的概念与特征的主要方面和特点，不能只对高质量发展的某个方面进行评价，防止以偏概全。

2. 层次性与单义性原则

专利对企业技术创新力的支撑是一项复杂的系统工程，具有一定的层次结构，这是复杂大系统的一个重要特性。因此，专利支撑企业技术创新力发展的指标体系所选择的指标应具有也应体现出这种层次结构，以便于对指标体系的理解。同时，专利对于企业技术创新力发展的各支撑要素之间存在着错综复杂的联系，指标的含义也往往相互包容，这样就会使系统的某个方面重复计算，使评价结果失真。所以，专利支撑企业技术创新力发展的指标体系所选取的每个指标必须有明确的含义，且指标与指标之间不能相互涵盖和交叉，以保证特征描述和评价结果的可靠性。

3. 可计算性与可操作性原则

专利支撑企业技术创新力发展的评价是通过对评价指标体系中各指标反映出的信息，并采用一定运算方法计算出来的。这样所选取的指标必须可以计算或有明确的取值方法，这是评价指标选择的基本方法，特征描述指标无须遵循这一原则。同时，专利支撑企业技术创新力发展的指标体系的可操作性原则具有两层含义具体如下：①所选取的指标越多，意味着评价工作量越大，所消耗的资源（人力、物力、财力等）和时间也越多，技术要求也越高。可操作性原则要求在保证完备性原则的条件下，尽可能选择有代表性的综合性指标，去除代表性不强、敏感性差的指标；②度量指标的所有数据易于获取和表述，并且各指标之间具有可比性。

4. 相对稳定性与绝对动态性相结合的原则

专利支撑企业技术创新力发展的指标体系的构建过程包括评价指标体系的建立、实施和调整三个阶段。为保证这三个阶段上的延续性，又能比较不同阶段的具体情况，要求评价指标体系具有相对的稳定性或相对一致性。但同时，由于专利支撑企业技术创新力发展的动态性特征，应在评价指标体系实施一段时间后不断修正这一体系，以满足未来企业技术创新力发展的要求；另一方面，应根据专家意见并结合公众参与的反馈信息补充，以完善专利支撑企业技术创新力发展的指标体系。

5. 通用性原则

由于专利可按照其不同的属性特点和维度划分，其对于企业技术创新力发展的支撑作用聚焦在对企业层面，因此，设计评价指标体系时，必须考虑在不该层面和维度的通用性。

## A2.1.2　基于专利的企业技术创新力评价指标体系结构

表 A2-1

指 标 体 系

| 一级指标 | 二级指标 | 三级指标 | 指 标 含 义 | 计算方法 | 影响力 |
|---|---|---|---|---|---|
| 企业技术创新力指数 | 创新活跃度 | 专利申请数量 | 申请人目前已经申请的专利总量，越高代表科技成果产出的数量越多，基数越大，是影响专利申请活跃度、授权专利发明人数活跃度、国外同族专利占比、专利授权率和有效专利数量的基础性指标 | — | 5+ |
| | | 专利申请活跃度 | 申请人近五年专利申请数量，越高代表科技成果产出的速度越高，创新越活跃 | 近五年专利申请量 | 5+ |
| | | 授权专利发明人数活跃度 | 申请人近年授权专利的发明人数量与总授权专利的发明人数量的比值，越高代表近年的人力资源投入越多，创新越活跃 | 近五年授权专利发明人数量/总授权专利发明人数量 | 5+ |
| | | 国外同族专利占比 | 申请人国外布局专利数量与总布局专利数量的比值，越高代表向其他地域布局越活跃 | 国外申请专利数量/总专利申请数量 | 4+ |
| | | 专利授权率 | 申请人专利授权的比率，越高代表有效的科技成果产出的比率越高，创新越活跃 | 授权专利数/审结专利数 | 3+ |
| | | 有效专利数量 | 申请人拥有的有效专利总量，越多代表有效的科技成果产出的数量越多，创新越活跃 | 从已公开的专利数量中统计已授权且当前有效的专利总量 | 3+ |
| | 创新集中度 | 核心技术集中度 | 申请人核心技术对应的专利申请量与专利申请总量的比值，越高代表申请人越专注于某一技术的创新 | 该领域位于榜首的IPC对应的专利数量/申请人自身专利申请总量 | 5+ |
| | | 专利占有率 | 申请人在某领域的核心技术专利总数除以本领域所有申请人在某领域核心技术的专利总数，可以判断在此领域的影响力，越大则代表影响力越大，在此领域的创新越集中 | 位于榜首的IPC对应的专利数量/该IPC下所有申请人的专利数量 | 5+ |
| | | 发明人集中度 | 申请人发明人人均专利数量，越高则代表越集中 | 发明人数量/专利申请总数 | 4+ |
| | | 发明专利占比 | 发明专利的数量与专利申请总数量的比值，越高则代表产出的专利类型越集中，创新集中度相对越高 | 发明专利数量/专利申请总数 | 3+ |
| | 创新开放度 | 合作申请专利占比 | 合作申请专利数量与专利申请总数的比值，越高则代表合作申请越活跃，科技成果的产出源头越开放 | 申请人数大于或等于2的专利数量/专利申请总数 | 5+ |
| | | 专利许可数 | 申请人所拥有的专利中，发生过许可和正在许可的专利数量，越高则代表科技成果的应用越开放 | 发生过许可和正在许可的专利数量 | 5+ |
| | | 专利转让数 | 申请人所拥有的有效专利中，发生过转让和已经转让的专利数量，越高则代表科技成果的应用越开放 | 发生过转让和正在转让的专利数量 | 5+ |
| | | 专利质押数 | 申请人所拥有的有效专利中，发生过质押和正在质押的专利数量，越高则代表科技成果的应用越开放 | 发生过质押和正在质押的专利数量 | 5+ |

| 一级指标 | 二级指标 | 三级指标 | 指 标 含 义 | 计算方法 | 影响力 |
|---|---|---|---|---|---|
| 企业技术创新力指数 | 创新价值度 | 高价值专利占比 | 申请人高价值专利数量与专利总数量的比值，越高则代表科技创新成果的质量越高，创新价值度越高 | 4 星及以上专利数量/专利总量 | 5+ |
| | | 专利平均被引次数 | 申请人所拥有专利的被引证总次数与专利数量的比值，越高则代表对于后续技术的影响力越大，创新价值度越高 | 被引证总次数/专利总数 | 5+ |
| | | 获奖专利数量 | 申请人所拥有的专利中获得过中国专利奖的数量 | 获奖专利总数 | 4+ |
| | | 授权专利平均权利要求项数 | 申请人授权专利权利要求总项数与授权专利数量的比值，越高则代表单件专利的权利布局越完备，创新价值度越高 | 授权专利权利要求总项数/授权专利数量 | 4+ |

　　一级指数为总指数，即企业技术创新力指数。二级指数分别对应四个构成元素的指数，分别为创新活跃度指数、创新集中度指数、创新开放度指数、创新价值度指数；其下设置 4～6 个具体的核心指标，予以支撑。

## A2.1.3　企业技术创新力评价指标计算方法

表 A2 - 2　　　　　　　　　　指标体系及权重列表

| 一级指标 | 二级指标 | 权重 | 三级指标 | 指标代码 | 指标权重 |
|---|---|---|---|---|---|
| 技术创新力指数 | 创新活跃度 A | 0.3 | 专利申请数量 | A1 | 0.4 |
| | | | 专利申请活跃度 | A2 | 0.2 |
| | | | 授权专利发明人数活跃度 | A3 | 0.1 |
| | | | 国外同族专利占比 | A4 | 0.1 |
| | | | 专利授权率 | A5 | 0.1 |
| | | | 有效专利数量 | A6 | 0.1 |
| | 创新集中度 B | 0.15 | 核心技术集中度 | B1 | 0.3 |
| | | | 专利占有率 | B2 | 0.3 |
| | | | 发明人集中度 | B3 | 0.2 |
| | | | 发明专利占比 | B4 | 0.2 |
| | 创新开放度 C | 0.15 | 合作申请专利占比 | C1 | 0.1 |
| | | | 专利许可数 | C2 | 0.3 |
| | | | 专利转让数 | C3 | 0.3 |
| | | | 专利质押数 | C4 | 0.3 |
| | 创新价值度 D | 0.4 | 高价值专利占比 | D1 | 0.3 |
| | | | 专利平均被引次数 | D2 | 0.3 |
| | | | 获奖专利数量 | D3 | 0.2 |
| | | | 授权专利平均权利要求项数 | D4 | 0.2 |

如上文所述，企业技术创新力评价体系（即"$F$"）由创新活跃度［即"$F(A)$"］、创新集中度［即"$F(B)$"］、创新开放度［即"$F(C)$"］、创新价值度［即"$F(D)$"］4 个二级指标，专利申请数量、专利申请活跃度、授权发明人数活跃度、国外同族专利占比、专利授权率、有效专利数量、核心技术集中度、专利占有率、发明人集中度、发明专利占比、合作申请专利占比、专利许可数、专利转让数、专利质押数、高价值专利占比、专利平均被引次数、获奖专利数量、授权专利平均权利要求项数 18 个三级指标构成，经专家根据各指标影响力大小和各指标实际值多次讨论和实证得出各二级指标和三级指标权重与计算方法，具体计算规则如下文所述：

$$F=0.3\times F（A）+0.15\times F（B）+0.15\times F（C）+0.4\times F（D）$$

其中　$F（A）$＝0.4×专利申请数量＋0.2×专利申请活跃度＋0.1×授权专利发明人数活跃度＋0.1×国外同族专利占比＋0.1×专利授权率＋0.1×有效专利数量；

$F（B）$＝0.3×核心技术集中度＋0.3×专利占有率＋0.2×发明人集中度＋0.2×发明专利占比；

$F（C）$＝0.1×合作申请专利占比＋0.3×专利许可数＋0.3×专利转让数＋0.3×专利质押数；

$F（D）$＝0.3×高价值专利占比＋0.3×专利平均被引次数＋0.2×获奖专利数量＋0.2×专授权专利平均权利要求项数。

各指标的最终得分根据各申请人在本技术领域专利的具体指标值进行打分。

# A2.2　电力网络安全技术领域专利分析研究方法

## A2.2.1　确定研究对象

为了全面、客观、准确地确定本报告的研究对象，首先通过查阅科技文献、技术调研等多种途径充分了解电力信息通信领域关于网络安全的技术发展现状及发展方向，同时通过与行业内专家的沟通和交流，确定了本报告的研究对象及具体的研究范围为：电力信通领域网络安全技术。

## A2.2.2　数据检索

### A2.2.2.1　制定检索策略

为了确保专利数据的完整、准确，尽量避免或者减少系统误差和人为误差，本报告采用如下检索策略：

（1）以商业专利数据库为专利检索数据库，同时以各局官网为辅助数据库。

（2）采用分类号和关键词制定网络安全技术的检索策略，并进一步采用申请人和发明人对检索式进行查全率和查准率的验证。

### A2.2.2.2　技术分解表

　　　　　　　　　　网络安全技术分解表

| 一　级 | 二　级 | 一　级 | 二　级 |
|---|---|---|---|
| 电力网络安全 | 电力网络安全防护体系 | 电力网络安全 | 电力工控系统安全 |
|  | 电力网络安全态势感知 |  | 电力移动应用安全 |
|  | 电力安全攻防 |  | 电力大数据安全 |

### A2.2.3　数据清洗

通过检索式获取基础专利数据以后，需要通过阅读专利的标题、摘要等方法，将重复的以及与本报告无关的数据（噪声数据）去除，得到较为适宜的专利数据集合，以此作为本报告的数据基础。

# A3　企业技术创新力排名第 1～50 名

表 A3-1　　　　　电力信通网络安全技术领域企业技术创新力第 1～50 名

| 申 请 人 名 称 | 技术创新力指数 | 排　　名 |
|---|---|---|
| 中国电力科学研究院有限公司 | 82.0 | 1 |
| 北京国电通网络技术有限公司 | 76.4 | 2 |
| 广东电网有限责任公司电力科学研究院 | 75.0 | 3 |
| 全球能源互联网研究院 | 73.5 | 4 |
| 国网湖南省电力有限公司 | 73.3 | 5 |
| 国网江苏省电力公司信息通信分公司 | 73.3 | 6 |
| 上海交通大学 | 73.1 | 7 |
| 国网信息通信有限公司 | 71.9 | 8 |
| 国网山东省电力公司电力科学研究院 | 71.7 | 9 |
| 南瑞集团有限公司 | 71.0 | 10 |
| 中国南方电网有限责任公司 | 69.5 | 11 |
| 国家电网公司信息通信分公司 | 69.4 | 12 |
| 国网江苏省电力有限公司 | 69.2 | 13 |
| 许继集团有限公司 | 68.5 | 14 |
| 北京中电普华信息技术有限公司 | 68.1 | 15 |
| 国网青海省电力公司 | 68.0 | 16 |
| 国网浙江省电力有限公司 | 68.0 | 17 |
| 国电南瑞科技股份有限公司 | 67.8 | 18 |

| 申 请 人 名 称 | 技术创新力指数 | 排　名 |
|---|---|---|
| 国网河北省电力公司信息通信分公司 | 67.2 | 19 |
| 华北电力大学 | 66.9 | 20 |
| 南方电网科学研究院有限责任公司 | 66.9 | 21 |
| 国网江苏省电力有限公司电力科学研究院 | 66.9 | 22 |
| 国网四川省电力公司电力科学研究院 | 66.5 | 23 |
| 国网福建省电力有限公司 | 65.6 | 24 |
| 国网电力科学研究院有限公司 | 65.4 | 25 |
| 国网河南省电力有限公司电力科学研究院 | 65.2 | 26 |
| 国网上海市电力公司 | 64.7 | 27 |
| 国网浙江省电力公司信息通信分公司 | 64.5 | 28 |
| 华为技术有限公司 | 64.2 | 29 |
| 广东电网有限责任公司电力调度控制中心 | 63.9 | 30 |
| 国网冀北电力有限公司电力科学研究院 | 63.5 | 31 |
| 国网新疆电力公司信息通信公司 | 63.2 | 32 |
| 清华大学 | 63.2 | 33 |
| 南京南瑞继保电气有限公司 | 63.1 | 34 |
| 北京科东电力控制系统有限责任公司 | 62.7 | 35 |
| 广东电网有限责任公司 | 62.7 | 36 |
| 广东电网有限责任公司信息中心 | 62.5 | 37 |
| 中国南方电网有限责任公司电网技术研究中心 | 62.4 | 38 |
| 国网电子商务有限公司 | 62.0 | 39 |
| 国网辽宁省电力有限公司 | 62.0 | 40 |
| 国网天津市电力公司 | 61.8 | 41 |
| 国网河南省电力公司南阳供电公司 | 61.1 | 42 |
| 北京许继电气有限公司 | 61.0 | 43 |
| 广西电网有限责任公司电力科学研究院 | 61.0 | 44 |
| 国网北京市电力公司 | 60.5 | 45 |
| 国网四川省电力公司信息通信公司 | 60.4 | 46 |
| 成都秦川科技发展有限公司 | 59.7 | 47 |
| 国网浙江省电力公司丽水供电公司 | 59.3 | 48 |
| 江苏省电力公司南京供电公司 | 59.2 | 49 |
| 天津大学 | 59.0 | 50 |

# A4 相关事项说明

## A4.1 近期数据不完整说明

2019 年以后的专利申请数据存在不完整的情况，本报告统计的专利申请总量较实际的专利申请总量少。这是由于部分专利申请在检索截止日之前尚未公开。例如，PCT 专利申请可能自申请日起 30 个月甚至更长时间之后才进入国家阶段，从而导致与之相对应的国家公布时间更晚。发明专利申请通常自申请日（有优先权的，自优先权日）起 18 个月（要求提前公布的申请除外）才能被公布。以及实用新型专利申请在授权后才能获得公布，其公布日的滞后程度取决于审查周期的长短等。

## A4.2 申请人合并

表 A4-1　　　　　　　　　　　申 请 人 合 并

| 合　并　后 | 合　并　前 |
|---|---|
| 国家电网有限公司 | 国家电网公司 |
|  | 国家电网有限公司 |
| 国网江苏省电力有限公司 | 江苏省电力公司 |
|  | 国网江苏省电力公司 |
|  | 国网江苏省电力有限公司 |
| 国网上海市电力公司 | 上海市电力公司 |
|  | 国网上海市电力公司 |
| 云南电网有限责任公司电力科学研究院 | 云南电网电力科学研究院 |
|  | 云南电网有限责任公司电力科学研究院 |
| 中国电力科学研究院有限公司 | 中国电力科学研究院 |
|  | 中国电力科学研究院有限公司 |
| 华北电力大学 | 华北电力大学 |
|  | 华北电力大学（保定） |
|  | 华北电力大学（北京） |
| ABB 技术公司 | ABB 瑞士股份有限公司 |
|  | ABB 研究有限公司 |
|  | TOKYO ELECTRIC POWER CO |
|  | ABB RESEARCH LTD |
|  | ABB 服务有限公司 |
|  | ABB SCHWEIZ AG |
| 东京芝浦电气公司 | 东京芝浦电气公司 |
|  | OKYO SHIBAURA ELECTRIC CO |
|  | TOKYO ELECTRIC POWER CO |

| 合 并 后 | 合 并 前 |
|---|---|
| 富士通公司 | FUJI ELECTRIC CO LTD |
| | FUJITSU GENERAL LTD |
| | FUJITSU LIMITED |
| | FUJITSU LTD |
| | FUJITSU TEN LTD |
| | 富士通株式会社 |
| 佳能公司 | CANON KABUSHIKI KAISHA |
| | CANON KK |
| 日本电气公司 | NIPPON DENSO CO |
| | NIPPON ELECTRIC CO |
| | NIPPON ELECTRIC ENG |
| | NIPPON SIGNAL CO LTD |
| | NIPPON SOKEN |
| | NIPPON STEEL CORP |
| | NIPPON TELEGRAPH & TELEPHONE |
| | 日本電気株式会社 |
| | 日本電信電話株式会社 |
| 东芝公司 | KABUSHIKI KAISHA TOSHIBA |
| | TOSHIBA CORP |
| | TOSHIBA KK |
| | 株式会社東芝 |
| 日立公司 | HITACHI CABLE |
| | HITACHI ELECTRONICS |
| | HITACHI INT ELECTRIC INC |
| | HITACHI LTD |
| | HITACHI, LTD. |
| | HITACHI MEDICAL CORP |
| | 株式会社日立製作所 |
| 三菱电机株式会社 | MITSUBISHI DENKI KABUSHIKI KAISHA |
| | MITSUBISHI ELECTRIC CORP |
| | MITSUBISHI HEAVY IND LTD |
| | MITSUBISHI MOTORS CORP |
| | 三菱電機株式会社 |
| 松下电器 | MATSUSHITA ELECTRIC WORKS LT |
| | MATSUSHITA ELECTRIC WORKS LTD |

| 合 并 后 | 合 并 前 |
| --- | --- |
| 西门子公司 | SIEMENS AG |
| | Siemens Aktiengesellschaft |
| | SIEMENS AKTIENGESELLSCHAFT |
| | 西门子公司 |
| 住友集团 | 住友电气工业株式会社 |
| | SUMITOMO ELECTRIC INDUSTRIES |
| 富士电气公司 | FUJI ELECTRIC CO LTD |
| | FUJI XEROX CO LTD |
| | FUJITSU LTD |
| | FUJIKURA LTD |
| | FUJI PHOTO FILM CO LTD |
| | 富士電機株式会社 |
| 通用电气公司 | GEN ELECTRIC |
| | GENERAL ELECTRIC COMPANY |
| | ゼネラル？エレクトリック？カンパニイ |
| | 通用电气公司 |
| | 通用电器技术有限公司 |

## A4.3  其他约定

有权专利：指已经获得授权，并截止到检索日期为止，并未放弃、保护期届满、因未缴年费终止，依然保持专利权有效的专利。

无权专利：①授权终止专利，即指已经获得授权，并截止到检索日期为止，因放弃、保护期届满、因未缴年费终止等情况，而致使专利权终止的过期专利，这些过期专利成为公知技术。②申请终止专利，即指已经公开，并在审查过程中，主动撤回、视为撤回或被驳回生效的专利申请，这些申请后续不再具有授权的可能，并成为公知技术。

在审专利：指已经公开，进入或未进入实质审查，截止到检索日期为止，尚未获得授权，也未主动撤回、视为撤回或被驳回生效的专利申请，一般为发明专利申请，这些申请后续可能获得授权。

企业技术创新力排名主体：以专利的主申请人为计数单位，对于国家电网有限公司为主申请人的专利以该专利的第二申请人作为计数单位。

## A4.4  边界说明

为了确保本报告后续涉及的分析维度的边界清晰、标准统一等，对本报告涉及的数据边界、不同属性的专利申请主体（专利申请人）的定义做出如下约定。

1. 数据边界

地域边界：七国两组织：中国、美国、日本、德国、法国、瑞士、英国、WO❶和 EP❷。

时间边界：近 20 年。

2. 不同属性的申请人

全球申请人：全球范围内的申请人，不限定在某一国家或地区所有申请人。

国外申请人：排除所属国为中国的申请人，限定在除中国外的其他国家或地区的申请人。需要解释说明的是，由于中国申请人在全球范围内（包括中国）所申请的专利总量相对于国外申请人在全球范围内所申请的专利总量较多，为了凸显出在专利申请数量方面表现突出的国外申请人，因此作如上界定。

供电企业：包括国家电网有限公司和中国南方电网有限责任公司，以及隶属于国家电网有限公司和中国南方电网有限责任公司的国有独资公司包括供电局、电力公司、电网公司等。

非供电企业：从事投资、建设、运营供电企业等业务或者生产、研发供电企业产品/设备等的私有公司。需要进一步解释说明的是，由于供电企业在全球范围内（包括中国）所申请的专利总量相对于非供电企业在全球范围内所申请的专利总量较多，为了凸显出在专利申请数量方面表现突出的非供电企业，因此作如上界定。

电力科研院：隶属于国家电网有限公司或中国南方电网有限责任公司的科研机构。

---

❶ WO：世界知识产权组织（World Intellectual Property Organization，WIPO）成立于 1970 年，是联合国组织系统下的专门机构之一，总部设在日内瓦。它是一个致力于帮助确保知识产权创造者和持有人的权利在全世界范围内受到保护，从而使发明人和作家的创造力得到承认和奖赏的国际间政府组织。

❷ EP：欧洲专利局（EPO）是根据欧洲专利公约，于 1977 年 10 月 7 日正式成立的一个政府间组织。其主要职能是负责欧洲地区的专利审批工作。

# 附录 B
# 网络安全基础知识

## B1　网络安全的内涵

### B1.1　网络安全定义

网络安全是指网络系统的硬件、软件及其系统中的数据受到保护，不因偶然的或者恶意的原因而遭受到破坏、更改、泄露，系统连续可靠正常地运行，网络服务不中断。

### B1.2　网络安全特征

网络安全主要包含保密性、完整性、可用性、可控性和不可抵赖性等五个属性，适用于国家信息基础设施的通信、电力、教育、医疗、运输、娱乐及国家安全等广泛领域。

保密性指信息不泄露给非授权用户、实体或过程，或供其利用的特性；完整性指数据未经授权不能进行改变的特性；可用性指对信息或资源的期望使用能力，即可授权实体或用户访问并按要求使用信息的特性；可控性指对信息的传播路径、范围及其内容具有控制能力的特性；不可抵赖性指在信息交换过程中，确信参与方的真实同一性，即所有参与者都不能否认和抵赖曾经完成的操作和承诺的特性。

### B1.3　网络安全模型

1. PPDR 安全模型

PPDR 模型是美国国际互联网安全系统公司（ISS）提出的动态网络安全体系的代表模型。包括四个主要部分：Policy（安全策略）、Protection（防护）、Detection（检测）和 Response（响应）。

2. PDRR 安全模型

PDRR 模型是美国国防部（DoD）提出的网络安全模型，把恢复环节提到了和防护、检测、响应等环节同等的高度，将信息安全概念扩展到了信息保障。包括四个主要部分：Protect（保护）、检测（Detect）、响应（React）、恢复（Restore）。

3. IPDRR 能力框架

IPDRR 是美国国家标准与技术研究院（NIST）制定的网络安全能力框架（Cybersecurity Framework），从原来以防护能力为核心，转向以检测能力为核心，支撑识别、预防、发现、响应等，变被动为主动，直至自适应（Adaptive）的安全能力。包括五个主要能力：风险识别（Identify）、安全防御（Protect）、安全检测（Detect）、安全响应（Response）和安全恢复（Recovery）。

4. IATF《信息保障技术框架》

IATF 是美国国家安全局（NSA）制定的，描述其信息保障的指导性文件。其信息保障的核心思想是纵深防御战略，就是采用一个多层次的、纵深的安全措施来保障用户信息及信息系统的安全。在纵深防御战略中，人、技术和操作是三个主要的核心因素，要保障信息及信息系统的安全，三者缺一不可。

5. 滑动标尺模型

滑动标尺模型（The Sliding Scale of Cyber Security）是美国系统网络安全协会（SANS）提出的网络安全模型。将企业信息安全能力分为五个阶段，分别是架构安全（Architecture）、被动防御（Passive Defense）、积极防御（Active Defense）、情报（Intelligence）和进攻（Offense）。阐明面对不同的威胁类型需要建立怎样的安全能力，以及这些能力间的演进关系，从而帮助沟通安全建设投资以及确定、跟踪安全投入优先级。

# B2　常用网络安全标准简介

## B2.1　通用安全标准

1. 可信计算机系统评估准则（TCSEC）

TCSEC 标准是计算机系统安全评估的第一个正式标准，具有划时代的意义。该准则于 1970 年由美国国防科学委员会提出，并于 1985 年 12 月由美国国防部公布。TCSEC 最初只是军用标准，后来延至民用领域。TCSEC 将计算机系统的安全划分为 4 个等级、7个级别。

D 类安全等级：D 类安全等级只包括 D1 一个级别。D1 的安全等级最低。D1 系统只为文件和用户提供安全保护。D1 系统最普通的形式是本地操作系统，或者是一个完全没有保护的网络。

C 类安全等级：该类安全等级能够提供审慎的保护，并为用户的行动和责任提供审计能力。C 类安全等级可划分为 C1 和 C2 两类。C1 系统的可信任运算基础体制（Trusted Computing Base，TCB）通过将用户和数据分开来达到安全的目的。在 C1 系统中，所有的用户以同样的灵敏度来处理数据，即用户认为 C1 系统中的所有文档都具有相同的机密性。C2 系统比 C1 系统加强了可调的审慎控制。在连接到网络上时，C2 系统的用户分别对各自的行为负责。C2 系统通过登陆过程、安全事件和资源隔离来增强这种控制。C2 系统具有 C1 系统中所有的安全性特征。

B 类安全等级：B 类安全等级可分为 B1、B2 和 B3 三类。B 类系统具有强制性保护功能。强制性保护意味着如果用户没有与安全等级相连，系统就不会让用户存取对象。B1系统满足下列要求：系统对网络控制下的每个对象都进行灵敏度标记；系统使用灵敏度标记作为所有强迫访问控制的基础；系统在把导入的、非标记的对象放入系统前标记它们；灵敏度标记必须准确地表示其所联系的对象的安全级别；当系统管理员创建系统或者增加新的通信通道或 I/O 设备时，管理员必须指定每个通信通道和 I/O 设备是单级还是多级，并且管理员只能手工改变指定；单级设备并不保持传输信息的灵敏度级别；所有直接面向用户位置的输出（无论是虚拟的还是物理的）都必须产生标记来指示关于输出对象的灵敏度；系统必须使用用户的口令或证明来决定用户的安全访问级别；系统必须通过审计来记录未授权访问的企图。

B2 系统必须满足 B1 系统的所有要求。另外，B2 系统的管理员必须使用一个明确的、文档化的安全策略模式作为系统的可信任运算基础体制。B2 系统必须满足下列要求：系统必须立即通知系统中的每一个用户所有与之相关的网络连接的改变；只有用户能够在可信任通信路径中进行初始化通信；可信任运算基础体制能够支持独立的操作者和管理员。

B3 系统必须符合 B2 系统的所有安全需求。B3 系统具有很强的监视委托管理访问能力和抗干扰能力。B3 系统必须设有安全管理员。B3 系统应满足以下要求：除了控制对个别对象的访问外，B3 必须产生一个可读的安全列表；每个被命名的对象提供对该对象没有访问权的用户列表说明；B3 系统在进行任何操作前，要求用户进行身份验证；B3 系统验证每个用户，同时还会发送一个取消访问的审计跟踪消息；设计者必须正确区分可信任的通信路径和其他路径；可信任的通信基础体制为每一个被命名的对象建立安全审计跟踪；可信任的运算基础体制支持独立的安全管理。

A 类安全等级：A 系统的安全级别最高。目前，A 类安全等级只包含 A1 一个安全类别。A1 类与 B3 类相似，对系统的结构和策略不做特别要求。A1 系统的显著特征是，系统的设计者必须按照一个正式的设计规范来分析系统。对系统分析后，设计者必须运用核对技术来确保系统符合设计规范。A1 系统必须满足下列要求：系统管理员必须从开发者那里接收到一个安全策略的正式模型；所有的安装操作都必须由系统管理员进行；系统管理员进行的每一步安装操作都必须有正式文档。

在信息安全保障阶段，欧洲四国（英、法、德、荷）提出了评价满足保密性、完整性、可用性要求的信息技术安全评价准则（ITSEC）后，美国又联合以上诸国和加拿大，并会同国际标准化组织（OSI）共同提出信息技术安全评价的通用准则（CC for ITSEC），CC 已经被技术发达的国家承认为代替 TCSEC 的评价安全信息系统的标准，且发展成为国际标准。

2. ISO/IEC15408《信息技术安全评价通用准则》（CC）

CC 是通用准则的英文所写。

1996 年六国七方签署了《信息技术安全评估通用准则》即 CC1.0.1998 年美国、英国、加拿大、法国和德国共同签署了书面认可协议。后来这一标准称为 CC 标准，即 CC2.0.CC2.0 版于 1999 年称为国际标准 ISO/IEC 15408。CC 的意义在于通过评估有助于增强用户对 IT 产品的安全信息，促进 IT 产品和系统的安全性，消除重复的评估。

ISO 国际标准化组织于 1999 年正式发布了 ISO/IEC 15408。ISO/IEC JTC 1 和 Common Criteria Project Organisations 共同制定了此标准，此标准等同于 Common Criteria V2.1。

ISO/IEC 15408 有一个通用的标题——信息技术—安全技术—IT 安全评估准则。此标准包含三个部分：

第一部分 介绍和一般模型

第二部分 安全功能需求

第三部分 安全认证需求

ISO/IEC 15408 第二部分简介

ISO/IEC15408 第二部分 安全功能需求，主要归结信息安全的功能需求：

审计——安全审计自动响应、安全审计数据产生、安全审计分析、安全审计评估、安全审计事件选择、安全审计事件存储

通信——源不可否认、接受不可否认

密码支持——密码密钥管理、密码操作

用户数据保护——访问控制策略、访问控制功能、数据鉴别、出口控制、信息流控制策略、信息流控制功能、入口控制、内部安全传输、剩余信息保护、反转、存储数据的完整性、内部用户数据保密传输保护、内部用户数据完整传输保护

鉴别和认证——认证失败安全、用户属性定义、安全说明、用户认证、用户鉴别、用户主体装订

安全管理——安全功能的管理、安全属性管理、安全功能数据管理、撤回、安全属性终止、安全管理角色

隐私——匿名、使用假名、可解脱性、可随意性

安全功能保护——底层抽象及其测试、失败安全、输出数据的可用性、输出数据的保密性、输出数据的完整性、内部数据传输安全、物理保护、可信恢复、重放检测、参考仲裁、领域分割、状态同步协议、时间戳、内部数据的一致性、内部数据复制的一致性、安全自检

资源利用——容错、服务优先权、资源分配

访问——可选属性范围限制、多并发限制、锁、访问标志、访问历史、session 建立

可信通道/信道——内部可信通道、可信通道

ISO/IEC 15408 第三部分简介

ISO/IEC15408 第三部分 安全认证需求，主要归结信息安全的认证需求：

（1）配置管理；

（2）分发和操作；

（3）开发；

（4）指导文档；

（5）生命周期支持；

（6）测试；

（7）漏洞评估。

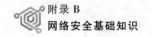

3. GB/T 20984—2007《信息安全技术 信息安全风险评估规范》

2007 年，在原国信办的直接领导和支持下，在国家安标委的大力推动下，GB/T 20984—2007《信息安全技术 信息安全风险评估规范》正式颁布。标准颁布十年来，GB/T 20984—2007 为了解和掌握我国信息安全保障工作的开展现状，推动国家信息安全保障体系建设，提升我国信息安全保障水平奠定了良好的基础。

依据该标准，2009 年度制定完成上位指导标准 GB/Z 24364—2009《信息安全技术 信息安全风险管理指南》，2015 年，GB/T 20984—2007 的实施细则 GB/T 31509—2015《信息安全技术 信息安全风险评估指南》正式发布，2016 年底，GB/T 31509—2015 的姊妹篇 GB/T 33132—2016《信息安全技术 信息安全风险处理实施指南》正式发布。截至目前，我国信息安全风险管理标准体系基本搭建完成（我国的风险管理标准体系见下图），对于指导我国的信息安全保障工作开展奠定了坚实基础。

GB/Z 24364—2009《信息安全技术 信息安全风险管理指南》对信息安全风险管理的范围和对象、内容和过程、信息安全风险管理与信息系统生命周期和信息安全目标的关系，以及信息安全风险管理相关人员的角色和责任等都进行了规定。

GB/T 31509—2015《信息安全技术 信息安全风险评估指南》定义了风险评估的基本概念、原理及实施流程，对资产、威胁和脆弱性识别要求进行了详细描述，提出了风险评估在信息系统生命周期不同阶段的实施要点，以及风险评估的工作形式。适用于指导各组织针对信息系统及其管理开展的信息风险评估工作。

GB/T 33132—2016《信息安全技术 信息安全风险处理实施指南》给出了信息安全风险处理实施的管理过程和方法，适用于指导信息系统运营使用单位和信息安全服务机构实施信息安全风险处理活动。

GB/T 31722—2015《信息技术 安全技术 信息安全风险管理》（IDT ISO/IEC 27005：2008）是对国际标准的转化，旨在为基于风险管理方法建立信息安全管理体系提供指导。

GB/T 22239—2019《信息安全技术 网络安全等级保护基本要求》（以下简称《等保要求》），其中明确了五种安全等级中对信息系统最低要求，也就是基本安全要求，涵盖了基本技术要求和基本管理要求，用于指导信息系统的安全建设和监督管理。

4. ISO 27001—2013/ISO 27002—2013 信息安全管理体系要求/信息安全管理实施规程

自 2005 年国际标准化组织（ISO）将 BS 7799 转化为 ISO 27001：2005 发布以来，此标准在国际上获得了空前的认可，相当数量的组织采纳并进行了信息安全管理体系的认证，至 2011 年底，国际上颁发的 ISO 27001 认证证书总数约为 15625 张（其中，BSI 的市场占有率达约为 45.65%）。在我国，自从 2008 年将 ISO 27001：2005 转化为国家标准 GB/T 22080：2008 以来，信息安全管理体系认证在国内进一步获得了全面推广，至 2011 年底，国内颁发认证证书数量是 1107 张。越来越多的行业和组织认识到信息安全的重要性，并把它作为基础管理工作之一开展起来。

然而过去的几年中，IT 领域和通信行业发生了非常大的变革，出现了全面的业务和技术的融合。移动互联网蓬勃兴起、智能手机的广泛采用、云计算技术的风起云涌，带来了全新的网络威胁、数据泄露和欺诈的风险。面对这样的变化和趋势，使得信息安全管理体系标准的更新也变得日益重要。

ISO 对标准的更新，一般是以三年为一个周期，但因为 ISO 27001：2005 标准发布后的巨大成功，以及 ICT 行业的飞跃发展，使得这个标准的更新变得非常谨慎，至今已有 7 年。从 ISO 组织发布的最新信息可以看到，ISO 27001 标准的更新筹备实际上已经在 2008 年开始，任命了工作组（JTC 1/SC 27 WG 1）；2009 年正式启动更新。目前，处于该标准草案（Committee Draft）正在编写委员会讨论层面（30.20：2012 - 06 - 20），预计新版发布时间会在 2013 - 10 - 19，那时我们就可以一睹它的全新面貌了。

从 ISO 27001 标准新版更新的一些说明材料中，可以看出这次 ISO 27001 标准改版将会具有以下几个特征：

采用 ISO 导则 83。ISO 导则 83，规范了今后 ISO 管理体系认证标准的基本框架；采用导则 83 颁布的第一个标准是 2012 年 5 月 15 日发布的业务连续管理体系标准——ISO 22301：2012。

在新版标准中明确了以下要求：

信息安全风险评估：组织应确定如何确定其信息安全风险评估和处置过程的可靠性。信息安全风险处理：适用时，组织应调整信息安全风险评估和处置过程，以及采用的方法，以改善过程的可靠性。保留附录 A 控制措施与控制目标新版 ISO 27001 依然会保留 SOA 和附录 A 控制目标、控制措施的架构；因此，毫无疑问，ISO 27001 的新版修订一定会与 ISO 27002 的修订同步进行。

事实上，关于控制措施和控制目标的修订，也是应对新的变化的信息安全威胁和风险必需的选择；这部分的更新，在修订项目中，接受了大量的修改建议，争论也相当大，目前还没有最后的结论。

持续发展 27 系列支持性标准 ISO 27001 从诞生第一天开始就不是孤立的，为了支持信息安全管理体系标准，ISO 27 系列发布了一系列普遍适用和行业适用的参考标准。

信息安全管理体系标准（ISO 27001）可有效保护信息资源，保护信息化进程健康、有序、可持续发展。ISO 27001 是信息安全领域的管理体系标准，类似于质量管理体系认证的 ISO 9000 标准。当您的组织通过了 ISO 27001 的认证，就相当于通过 ISO 9000 的质量认证一般，表示您的组织信息安全管理已建立了一套科学有效的管理体系作为保障。根据 ISO 27001 对您的信息安全管理体系进行认证，可以带来以下几个好处：

引入信息安全管理体系就可以协调各个方面信息管理，从而使管理更为有效。保证信息安全不是仅有一个防火墙，或找一个 24 小时提供信息安全服务的公司就可以达到的。它需要全面的综合管理。

通过进行 ISO 27001 信息安全管理体系认证，可以增进组织间电子商务往来的信用度，能够建立起网站和贸易伙伴之间的互相信任，随着组织间的电子交流的增加通过信息安全管理的记录可以看到信息安全管理明显的利益，并为广大用户和服务提供商提供一个基础的设备管理。同时，把组织的干扰因素降到最小，创造更大收益。

通过认证能保证和证明组织所有的部门对信息安全的承诺。

通过认证可改善全体的业绩、消除不信任感。

获得国际认可的机构的认证证书，可得到国际上的承认，拓展您的业务。

建立信息安全管理体系能降低这种风险，通过第三方的认证能增强投资者及其他利益相关方的投资信心。

5. GB/T 22239—2019 网络安全等级保护基本要求

2019 年 GB/T 22239—2019《信息安全技术　网络安全等级保护基本要求》将正式实施。本报告分析 GB/T 22239—2019 相较 GB/T 22239—2008 发生的主要变化，解读其安全通用要求和安全扩展要求的主要内容，以便于读者更好地了解和掌握 GB/T 22239—2019 的内容。

1）为适应网络安全法，配合落实网络安全等级保护制度，标准的名称由原来的《信息系统安全等级保护基本要求》改为《网络安全等级保护基本要求》。

2）等级保护对象由原来的信息系统调整为基础信息网络、信息系统（含采用移动互联技术的系统）、云计算平台/系统、大数据应用/平台/资源、物联网和电力业务系统等。

3）将原来各个级别的安全要求分为安全通用要求和安全扩展要求，安全扩展要求包括云计算安全扩展要求、移动互联安全扩展要求、物联网安全扩展要求以及电力业务系统安全扩展要求。安全通用要求是不管等级保护对象形态如何必须满足的要求；针对云计算、移动互联、物联网和电力业务系统提出的特殊要求称为安全扩展要求。

4）原来基本要求中各级技术要求的"物理安全""网络安全""主机安全""应用安全"和"数据安全和备份与恢复"修订为"安全物理环境""安全通信网络""安全区域边界""安全计算环境"和"安全管理中心"；原各级管理要求的"安全管理制度""安全管理机构""人员安全管理""系统建设管理"和"系统运维管理"修订为"安全管理制度""安全管理机构""安全管理人员""安全建设管理"和"安全运维管理"。

5）云计算安全扩展要求针对云计算环境的特点提出。其主要内容包括"基础设施的位置""虚拟化安全保护""镜像和快照保护""云计算环境管理"和"云服务商选择"等。

6）移动互联安全扩展要求针对移动互联的特点提出。其主要内容包括"无线接入点的物理位置""移动终端管控""移动应用管控""移动应用软件采购"和"移动应用软件开发"等。

7）物联网安全扩展要求针对物联网的特点提出。其主要内容包括"感知节点的物理防护""感知节点设备安全""网关节点设备安全""感知节点的管理"和"数据融合处理"等。

8）工业控制系统安全扩展要求针对电力业务系统的特点提出。其主要内容包括"室外控制设备防护""工业控制系统网络架构安全""拨号使用控制""无线使用控制"和"控制设备安全"等。

9）取消了原来安全控制点的 S、A、G 标注，增加附录 A"关于安全通用要求和安全扩展要求的选择和使用"，描述等级保护对象的定级结果和安全要求之间的关系，说明如何根据定级的 S、A 结果选择安全要求的相关条款，简化了标准正文部分的内容。

GB/T 22239—2019 采用安全通用要求和安全扩展要求的划分使得标准的使用更加具有灵活性和针对性。不同等级保护对象由于采用的信息技术不同，所采用的保护措施也会不同。例如，传统的信息系统和云计算平台的保护措施有差异，云计算平台和电力业务系统的保护措施也有差异。为了体现不同对象的保护差异，GB/T 22239—2019 将安全要求划分为安全通用要求和安全扩展要求。

安全通用要求针对共性化保护需求提出，无论等级保护对象以何种形式出现，需要根据安全保护等级实现相应级别的安全通用要求。安全扩展要求针对个性化保护需求提出，等级保护对象需要根据安全保护等级、使用的特定技术或特定的应用场景实现安全扩展要求。等级保护对象的安全保护措施需要同时实现安全通用要求和安全扩展要求，从而更加有效地保护等级保护对象。例如，传统的信息系统可能只需要采用安全通用要求提出的保护措施即可，而云计算平台不仅需要采用安全通用要求提出的保护措施，还要针对云计算平台的技术特点采用云计算安全扩展要求提出的保护措施；电力业务系统不仅需要采用安全通用要求提出的保护措施，还要针对电力业务系统的技术特点采用电力业务系统安全扩展要求提出的保护措施。

6. ISO 22301—2019 业务连续性管理体系

该标准为策划、建立、实施、运行、监视、评审、保持和持续改进一个文件化的业务连续性管理体系规定了要求，用以实施保护，减少中断事件发生的可能性，以及当中断事件发生时准备、响应并恢复。

该标准规定的所有要求是通用的，适用于各种类型、规模和特性的组织或组织的一部分。这些要求的适用范围取决于组织的运行环境和复杂性。

该标准的目的不是要规定统一的业务连续性管理体系（BCMS）结构，而是为组织设计一个适合其自身需要且同时符合相关方要求的 BCMS。这些需求由法律、法规、标准、产品和服务、工作流程、组织的规模和结构以及相关方的要求等方面构成。该标准适用于有如下期望的各种类型和规模的组织：

a) 建立、实施、保持和改进 BCMS；

b) 确保符合声明的业务连续性方针；

c) 向其他组织证明自身的符合性；

d) 欲使其 BCMS 获得被认可的第三方认证机构的认证/注册。

7. GB/T 35273—2020《信息安全技术　个人信息安全规范》

随着信息技术的快速发展和互联网应用的普及，越来越多的组织大量收集、使用个人信息，给人们生活带来便利的同时，也出现了对个人信息的非法收集、滥用、泄露等问题，个人信息安全面临严重威胁。

该标准针对个人信息面临的安全问题，规范个人信息控制者在收集、保存、使用、共享、转让、公开披露等信息处理环节中的相关行为，旨在遏制个人信息非法收集、滥用、泄露等乱象，最大限度地保障个人的合法权益和社会公共利益。该标准规范了开展收集、保存、使用、共享、转让、公开披露等个人信息处理活动应遵循的原则和安全要求。适用于规范各类组织个人信息处理活动，也适用于主管监管部门、第三方评估机构等组织对个人信息处理活动进行监督、管理和评估。对标准中的具体事项，法律法规另有规定的，应遵照其规定执行。

该实施时间为 2020 年 10 月 1 日，并替代 GB/T 35273—2017 版本国标。相对于 2017 版标准，2020 版标准进行了针对性修订。

（1）加强标准指导实践。2020 版标准明确了数据安全责任人相关要求，规范了个人信息保护负责人的相应工作职责；规定了定向推送相关要求以及用户可以撤回的权利；提出了平台第三方接入责任相关要求，对第三方接入的监督管理责任进行细化。

（2）支撑 App 安全认证。规范每条要求的检测评估点，便于认证工作根据标准要求逐条开展；对 App 中涉及的核心功能、必要信息、必要权限等方面进行展开描述，提出清晰的要求并形成评估点，在标准条款中以 App 为例进行解释说明，增强其指导性。

此次标准的修订发布，是为了进一步贯彻落实《中华人民共和国网络安全法》规定的个人信息收集、使用的"合法、正当、必要"基本原则，解决人民群众反映强烈的 App "强制索权、捆绑授权、过度索权、超范围收集"的问题。同时，针对当前 App 运营管理的一些不合理现象，如告知目的不明确、注销账户难、滥用用户画像、无法关闭个性化推送信息、第三方接入缺乏有效管理、内部管理职责不明等问题，进一步梳理完善条款，指导组织使用标准完善个人信息保护体系。修订后的标准，将进一步使标准契合我国相关法律法规的要求，增加标准指导实践的适用性，帮助提升行业和社会的个人信息保护水平，推动个人信息保护领域技术产品、咨询服务等方面产业化进一步发展，为我国信息化产业健康发展提供坚实保障。

8. GB/T 35274—2017《信息安全技术 大数据服务安全能力要求》

数据服务是针对数量巨大、种类多样、流动速度快、特征多变等特性的数据集，通过底层可伸缩的大数据平台和上层多种大数据应用，提供覆盖数据生命周期相关数据活动的一种网络信息服务。大数据服务提供者要确保大数据平台与应用安全可靠地运行，满足保密性、完整性、可用性等大数据服务安全目标。该标准规定了大数据服务提供者应具有的组织相关的基础安全要求和数据生命周期相关的数据服务安全要求。

该标准将大数据服务安全能力分为一般要求和增强要求两个级别。一般要求是大数据服务提供者在开展大数据服务时应具备的安全能力，能够抵御或应对常见的威胁，能将大数据服务受到破坏后的损失控制在有限的范围和程度内，具备基本的事件追溯能力。增强要求是在大数据服务涉及国家安全，或对经济发展和社会公共利益有较大影响时，大数据服务提供者应具备的安全能力，即具备一定的主动识别并防范潜在攻击的能力，能高效应对安全事件并将其损失控制在较小范围内，能保证安全事件追溯的有效性、大数据服务的可靠性、可扩展性和可伸缩性。根据所承载数据的重要性和大数据服务不能正常提供服务或遭受到破坏时可能造成的影响范围和严重程度，大数据服务提供者应具备的安全能力也各不相同。

该标准规定了大数据服务提供者应具有的组织相关基础安全能力和数据生命周期相关的数据服务安全能力。可为政府部门、企事业单位等组织机构的大数据服务安全能力建设提供参考，也适用于第三方机构对大数据服务提供者的大数据服务安全能力进行审查和评估。

9. GB/T 37973—2019《信息安全技术 大数据安全管理指南》

大数据技术的发展和应用影响着国家的治理模式、企业的决策架构、商业的业务模式以及个人的生活方式。我国大数据仍处于起步发展阶段，各地发展大数据积极性高，行业应用得到快速推广，市场规模迅速扩大。在面向大量用户的应用和服务中，数据采集者希望能获得更多的信息，以提供更加丰富、高效的个性化服务。随着数据的聚集和应用，数据价值不断提升。而伴随大量数据集中，新技术不断涌现和应用，使数据面临新的安全风险，大数据安全受到高度重视。

目前拥有大量数据的组织的管理和技术水平参差不齐，有不少组织缺乏技术、运维等方面的专业安全人员，容易因数据平台和计算平台的脆弱性遭受网络攻击，导致数据泄露。在大数据的生命周期中，将有不同的组织对数据做出不同的操作，关键是要加强掌握数据的组织的技术和管理能力的建设，加强数据采集、存储、处理、分发等环节的技术和管理措施，使组织从管理和技术上有效保护数据，使数据的安全风险可控。

该标准为组织的大数据安全管理提供指导，提出了大数据安全管理基本原则，从大数据安全需求、数据分类分级、大数据活动的安全要求、评估大数据安全风险等方面，指导组织针对大数据的特点开展数据保护的管理工作。该标准适用于所有的组织，包括企业、事业单位、政府部门等，也适用于第三方机构对组织的数据安全管理能力进行评估。

10.GB/T 37988—2019《信息安全技术 数据安全能力成熟度模型》

随着互联网、物联网、云计算等技术的快速发展，以及智能终端、网络社会、数字地球等信息体的普及和建设，全球数据量出现爆炸式增长，形成了大数据环境。伴随着大数据技术的发展和普及，组织机构在业务发展、企业运营等关键环节利用大数据技术对业务进行优化以发掘出更多的数据价值。在组织的内部管理运营过程中，组织机构利用大数据技术使能业务的发展和组织的运营，极大程度改变了其传统工作模式和业务发展方向，同时，对组织机构的数据安全管理带来了新的挑战。数据的高速流通性让组织机构内部信息系统、网络区域之间的边界越发模糊；而在大数据技术的广泛应用中，大数据的特性如大容量、多种类和可变性都对组织机构的数据管理能力提出了更高的要求。

组织机构除关注自身业务中产生的数据之外，也开始采集外部第三方组织或人员的数据来丰富自己的数据资源，数据在不同组织机构间的流通和处理成为不可避免的趋势。各组织机构在大数据产业中提供或获取各种数据服务，成为数据源提供者、数据计算平台提供者、数据服务或应用提供者等大数据产业相关的角色。同时数据作为组织机构的重要资产，一方面面临着传统环境中数据安全的相关风险，另一方面也面临着大数据环境下所特有的数据安全风险。数据安全成为当前产业环境下各类组织机构共同关注的安全命题。

数据安全的管理需要基于以数据为中心的管理思路，从组织机构业务范围内的数据生命周期的角度出发，结合组织机构各类数据业务发展后所体现出来的安全需求，开展数据安全保障。数据安全能力成熟度模型（以下简称"模型"）关注于组织机构开展数据安全工作时应具备的数据安全能力，定义数据安全保障的模型框架和方法论，提出对组织机构的数据安全能力成熟度的分级评估方法，来衡量组织机构的数据安全能力，促进组织机构了解并提升自身的数据安全水平，促进数据在组织机构之间的交换与共享，发挥数据的价值。

该标准基于大数据环境下电子化数据在组织机构业务场景中的数据生命周期，从组织建设、制度流程、技术工具以及人员能力四个方面构建了数据安全过程的规范性数据

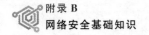
安全保障能力的成熟度分级模型及其评估方法。其适用于组织机构数据安全能力的自身评估，也适用于第三方机构对组织机构的数据安全保障能力进行评估。

## B2.2  电力行业常用网络安全标准

1. GB/T 36572—2018《电力监控系统网络安全防护导则》

根据国家发展改革委员会 2014 年第 14 号令《电力监控系统安全防护规定》和国家信息系统等级保护等相关规定，制定该标准。

该标准规定了电力监控系统网络安全防护的基该原则、体系架构和防护要求。包括电力监控系统特性及安全防护原则、安全防护技术、应急备用措施、全面安全管理等 4 个主题章和 3 个规范性附录（发电厂监控系统安全防护、变电站监控系统安全防护、电力调度控制监控系统安全防护）。

该标准适用于发电、输配电、用电、电力调度等电力生产各环节的电力监控系统安全防护，覆盖其规划设计、研究开发、施工建设、安装调试、系统改造、运行管理、退役报废等各阶段。

2. GB/T 38318—2019《电力监控系统网络安全评估指南》

该标准在 GB/T 36572—2018《电力监控系统网络安全防护导则》的基础上，规定了电力监控系统网络安全评估工作的评估内容、评估流程、评估方法和评估实施建议。包括评估内容、系统生命周期各阶段的安全评估、评估流程及方法、安全防护技术评估、应急备用措施评估、安全管理评估等 6 个主题章。

该标准适用于各电力企业电力监控系统规划阶段、设计阶段、实施阶段、运行维护阶段和废弃阶段的网络安全防护评估工作。

3. GB/T 37138—2018《电力信息系统安全等级保护实施指南》

为规范电力信息系统安全等级保护实施的流程、内容和方法，加强电力信息系统的安全管理，防范网络攻击对电力信息系统造成的侵害，保障电力系统的安全稳定运行，依据国家和行业有关政策，制定该标准。

该标准规定了电力信息系统安全等级保护实施的基该原则、角色和职责，以及定级与备案、测评与评估、安全整改、退运等基该活动。包括等级保护实施概述、定级与备案、测评与评估、安全整改、退运等 5 个主题章。

该标准适用于指导电力信息系统安全等级保护的实施。在对电力信息系统实施网络安全等级保护的过程中，除使用该标准外，在不同的阶段，还应参照其他有关网络安全等级保护的标准开展工作。

4. GB/T 32351—2015《电力信息安全水平评价指标》

随着信息安全形势的不断变化和电力信息安全工作的深入开展，迫切需要一种定量化、精细化、常态化的新型管理方法，以促进电力行业信息安全水平的持续提高。该标准依据《电力监管条例》（中华人民共和国国务院令第 432 号）、《电力行业网络与信息安全监督管理暂行规定》（电监信息〔2007〕50 号）和国家有关标准规范制定，规定了电力信息安全水平评价指标并描述了评价指标的量化方法，可用于评价各类电力组织机构信息安全水平。

该标准规定了电力信息安全水平评价指标，描述了评价指标量化方法。其包括电力信息安全水平评价指标框架及量化方法、电力信息安全水平评价指标项两个主题章。其中评价指标分为组织体系、规章制度、资金保障、人员安全管理、服务外包管控、关键信息资产管控、信息系统建设安全管理、安全分区防御、网络安全防护、主机和设备安全防护、应用系统和数据安全防护、物理环境安全防护、信息系统运行安全管理、灾难恢复和应急管理等 15 类，共 70 项。

该标准适用于电力监管机构对电力、发电、电力科研及电力设计施工等电力组织机构开展信息安全水平评价，也适用于上述电力组织机构开展信息安全水平自评价。信息安全服务提供商为电力组织机构提供服务时也可参考使用。

5. GB/T 36047—2018《电力信息系统安全检查规范》

为规范电力信息系统安全的检查流程、内容和方法，防范网络与信息安全攻击对电力信息系统造成的侵害，保障电力信息系统的安全稳定运行，保护国家关键信息基础设施的安全，依据国家有关信息安全和电力行业信息系统安全的规定和要求，制定该标准。

该标准规定了电力信息安全检查工作的流程、方法和内容等。其包括检查工作流程、检查内容和检查方法等 2 个主题章和 1 个资料性附录（风险分析方法）。其中评价指标分为组织体系、规章制度、资金保障、人员安全管理、服务外包管控、关键信息资产管控、信息系统建设安全管理、信息系统运行安全管理、应急管理、安全分区防御体系、网络安全防护、主机和设备安全防护、应用系统和数据安全防护、物理环境安全防护、业务连续性保护等 15 类。

该标准适用于行业网络与信息安全主管部门开展电力信息系统安全的检查工作和电力企业在该集团（系统）范围内开展相关信息系统安全的自查工作。

6. GB/Z 25320 等国家标准

包括 GB/Z 25320《电力系统管理及其信息交换 数据和通信安全》系列标准（共 7 个部分），GB/T 31960.8—2015《电力能效监测系统技术规范 第 8 部分：安全防护规范》、GB/T 31991.5—2015《电能服务管理平台技术规范 第 5 部分：安全防护规范》等。

7. DL/T 1455—2015《电力系统控制类软件安全性及其测评技术要求》

电力系统控制类软件为电力安全稳定运行提供了重要技术保障。为确保电力系统控制类软件的安全性和可靠性，规范和指导电力系统控制类软件的安全性测评、设计、开发、建设、运行和维护，制定该标准。

该标准规定了电力系统控制类软件的功能安全性、网络安全性的技术要求和测评要求。包括安全性技术要求、功能安全性测评要求、网络安全性测评要求等 3 个主题章和主站控制类软件功能安全性测评要求、厂站控制类软件功能安全性测评要求、电力系统控制类软件代码质量测评项目等 3 个规范性附录。

该标准适用于电力系统控制类软件的安全性测评、设计、开发、建设、运行和维护。

8. DL/T 1491—2015 等行业标准

包括 DL/T 1491—2015《智能电能表信息交换安全认证技术规范》、DL/T 1511—2016《电力系统移动作业 PDA 终端安全防护技术规范》、DL/T 1527—2016《用电信息安

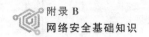

全防护技术规范》、DL/T 1757—2017《电子数据恢复和销毁技术要求》、DL/T 1931—2018《电力 LTE 无线通信网络安全防护要求》、DL/T 1936—2018《配电自动化系统安全防护技术导则》、DL/T 1941—2018《可再生能源发电站电力监控系统网络安全防护技术规范》等。

# B3　网络安全技术及产品

## B3.1　通用安全技术及产品

1. 防火墙技术

防火墙技术是建立在现代通信网络技术和信息安全技术基础上的应用性安全技术。防火墙位于被保护网络和其他网络之间，进行访问控制，阻止非法的信息访问和传递。防火墙并非单纯的软件或硬件，实质是软件和硬件加上一组安全策略的集合，能够安全过滤和安全隔离外网攻击、入侵等有害的网络安全信息和行为。防火墙按照不同使用场景可以分为包过滤防火墙、应用网关防火墙、服务防火墙及监控防火墙等四类。

2. 入侵检测技术

入侵检测技术是为保证计算机系统安全而设计与配置的一种能够及时发现和报告系统中未授权或异常现象的技术，是一种用于检测计算机网络中违反安全策略行为的技术。入侵检测系统是对计算机和网络资源的恶意使用行为，包括系统外部的入侵和内部用户的非授权行为，进行识别和相应处理的系统。入侵检测系统按照不同检测对象可以分为基于主机的入侵检测系统、基于网络的入侵检测系统及混合型入侵检测系统等三类。

3. 防病毒技术

防病毒技术包括预防病毒技术、检测病毒技术和清除病毒技术等三种。预防病毒技术通过静态特征判定、动态行为判定等，来防止计算机病毒对系统的传染和破坏。检测病毒技术通过病毒特征检测、文件自身校验等，来监视和判定系统中是否已经感染病毒。清除病毒技术通过对病毒进行分析研究，开发出能删除病毒程序并恢复源文件的软件。杀毒软件通常指含有即时程序监控识别、恶意程序扫描清楚和自动更新病毒库等功能，用于侦测和移除病毒、蠕虫、木马等恶意代码的一组软件程序。防毒墙是指位于网络入口处（网关），用于对网络传输中的病毒进行过滤的网络安全设备。

4. 密码技术

密码技术可分为古代密码技术和现代密码技术。古代密码技术主要研究信息的加密与解密，现代密码技术不只关注信息保密问题，还涉及信息完整性验证、信息发布不可抵赖性及分布式计算中产生的所有信息安全问题。常见的加密算法可以分为对称算法、非对称算法、哈希算法等，如国际算法 AES、DES/3DES、RSA、SHA256 等，国密算法 SM1、SM4、SM2、SM3 等。常见的商用密码产品主要有密码机、加密机、加密卡、加密网关、防伪系统、认证系统等。

5. 身份认证技术

身份认证技术是指在计算机网络中确认操作者身份的过程而产生的解决方法。身份认证可以证实用户的真实身份与其所声称的身份是否相符，防止未授权用户访问网络资源。常见的认证形式有：静态密码、智能卡、短信密码、动态口令、数字签名、生物识别等。常见的身份认证产品主要有 USB Key、动态口令产品等。

6. 访问控制技术

访问控制技术是指按用户身份及其所归属的某项定义组来限制用户对某些信息项的访问，或限制对某些控制功能的使用的一种技术。访问控制常用于系统管理员控制用户对服务器、目录、文件等网络资源的访问，是系统保密性、完整性、可用性和合法使用性的重要基础，是网络安全防范和资源保护的关键策略之一，也是主体依据某些控制策略或权限对客体本身或其资源进行的不同授权访问的重要手段。常见的访问控制产品主要有防火墙、安全路由器、安全交换机、网络访问控制网关等。

# B3.2　电力专用安全技术及产品

1. 正反向隔离装置

正反向隔离装置是位于两个不同安全防护等级网络之间的安全防护装置，正向隔离装置用于高安全区到低安全区的单向数据传递；反向隔离装置用于低安全区到高安全区的单向数据传递，并采用数字证书、国产密码算法对传输数据进行加解密和内容校核。正反向隔离装置以非网络传输方式实现这两个网络间信息和资源安全传递，可以识别非法请求并阻止超越权限的数据访问和操作，达到物理隔离防护效果。

2. 纵向加密认证装置

纵向加密认证网关系列部署在电力控制系统的内部局域网与电力调度数据网络的路由器之间，可以为电力调度部门上下级控制中心多个业务系统之间的实时数据交换提供认证与加密服务，实现端到端的选择性保护。按照传输性能可以分为万兆型、千兆型、百兆型、十兆型和一兆型，其中基于量子密钥协商机制的纵向加密认证装置，又叫量子 VPN。

3. 纵向加密认证模块

纵向加密认证模块，包含 PCI-E 密码卡和加密认证业务程序，密码算法符合《密码法》要求，可以为电力调度部门上下级控制中心多个业务系统之间的实时数据交换提供认证与加密服务，同时满足应用层通信协议转换功能，实现端到端的选择性保护，保证数据传输的实时性、安全性、可靠性。

纵向加密认证模块适用于生产控制大区的广域网边界防护，是由纵向加密认证网关移植而来。其作用之一是为本地安全区 I/Ⅱ 提供一个网络屏障，起到防火墙的包过滤功能；作用之二是为网关机之间的广域网通信提供认证加密隧道，实现数据传输的机密性、完整性保护。

4. 信息网络隔离装置

信息安全网络隔离装置部署于内网的数据库服务器和外网的 Web 应用服务器之间，在满足应用对内网数据库正常合法访问的同时，对后台数据库服务器实施保护。一方面可以将信息内网与信息外网从网络链路上隔离断开，能有效地抵御病毒、黑客通过各类攻击手段进入信息内网；另一方面在其安全策略的控制下对交换的数据进行细粒度安全检测，对 sql 访问进行内容强过滤，识别非法请求并阻止超越权限的数据库访问和操作，保护电力信息内网应用系统和数据的安全。

5. 安全接入平台

安全接入平台是部署在信息内网无线边界，符合国密及公安三所检测标准，为电力内网无线业务提供业务终端安全接入、实时监控、安全数据传输与交互的电力专用边界安全防护设备。由接入网关组件、数据过滤系统（数据隔离组件）、集中监管系统组成。能够分别针对配网抢修、供电电压采集、视频监控、移动办公等不同业务提供安全接入解决方案。针对接入终端类型，提供安全芯片、安全 TF 卡、安全薄膜卡等终端认证和加解密方案。

6. 电力监控系统网络安全监测装置

电力监控系统网络安全监测装置是网络安全管理平台的配套硬件装置。其采集变电站站控层和发电厂涉网区域的服务器、工作站、网络设备、安全防护设备、业务软件的安全事件、安全状态，并转发至调度端网络安全管理平台，并提供来自网络安全管理平台相关服务调用，同时，支持网络安全事件的本地监视管理。

7. 网络安全管理平台

网络安全管理平台是电力监控系统网络安全监测、分析与处置的"大脑"，满足等保2.0中关于安全管理中心"系统管理、审计管理、安全管理、集中管控"等要求，支持对主机操作系统、数据库、可信加固、网络设备、流量监测装置、恶意代码、通用安全防护设备、电力专用安防设备以及新一代隔离装置等监测和管理。

8. 调度数字证书系统

电力调度数字证书系统采用 PKI 技术，通过公钥密码体制中用户私钥的机密性来提供用户身份的唯一性验证，并通过公钥数字证书的方式为每个合法用户的公钥提供一个合法性的证明。可以为电力生产系统应用、用户、关键网络设备、服务器等发放数字证书，并以此为基础，可在应用系统与网络关键环节上实现高强度的身份认证、安全的数据传输以及可靠的行为审计，符合等保 2.0 要求。有效地解决了电力系统应用中的机密性、完整性、认证性、不可否认性等安全问题。